学科・実技頻出項目をコンパクトに整理

機械保全

［機械系1・2・3級］

見るだけ

直前対策ノート

日本能率協会マネジメントセンター［編］
JMA MANAGEMENT CENTER INC.

JN006333

はじめに

　機械保全技能検定試験の受検者は年々増加の傾向にあり、職場の多くで参考書を片手に、わずかな時間を活用して勉強している姿をよく目にする。一方、受検者からは「3交代もあって仕事が忙しく、多くの参考書を読む時間がない」との声も耳にする。確かに試験の範囲は日ごろの職場での経験があるものに限らず、電気や安全、品質、検査、加工、材料、製図など非常に幅が広い。また、学科だけでなく実技の問題があり、参考書も複数必要である。

　『機械保全の徹底攻略 機械系・学科』『機械保全の徹底攻略 機械系・実技』（以下テキストと略）などを一通り学習した受検者は、多くの知識を身につけたはずであるが、いざ問題を前にすると解答に窮することも多い。それはたとえば、「ころがり軸受」ならば「潤滑」「損傷」「振動」「製図」など多面な切り口で出題されるためである。覚えるべき項目には縦の糸（1つの章の内容）と横の糸（章を横断する内容）があり、スムーズに正解するためには縦横の糸の繋がりを頭の中で理解する必要がある。

　このためには、テキストで学習した後に「学習知識のまとめと総整理」が必須となるが、実際にはボリュームあるテキストの読破後に自分で整理ノートなどを作成する時間的余裕がないのも事実であろう。そこで、本書は「これだけは知っておきたい要点」を「テキストの章の配列にとらわれず」表形式でまとめ、短時間でテキストの復習と知識の総整理ができるように工夫したものである。

　他書にはない本書の特徴として、以下がある。
① テキスト複数ページ分の項目を見開きページに配したので、直前準備に最適
② すべての項目を表形式で整理してあるので、暗記と知識の整理が容易
③ 本書1冊だけで1級～3級、学科と実技の両方に対応しており、効率よく学習が可能
④ ページの最小化を図っているので、持ち運びやすく、短時間での繰返し学習が可能

　本書を手にした読者が、学習時間の少なさの悩みから解かれ、合格の栄冠をつかむことができることを、著者一同願って止まない。

2023年6月

日本能率協会マネジメントセンター

3

本書の使い方

　本書の学習の仕方として、ポイントは次の4つである。
① テキストの読後の整理として使う
② 過去問で常に成果を確認しながら使う
③ 繰返し学習して、縦横の繋がりを把握する
④ いつでも、どこでもページを開く習慣を付ける

①テキストの読後の整理として使う

　姉妹書である『機械保全の徹底攻略 機械系・学科』『機械保全の徹底攻略 機械系・実技』などは受検には必携の書であり、まずはこれらのテキストの内容を理解することが先決である。テキストで学習した後に本書を利用することで、覚えた項目の系統的な整理ができるようになる。また、テキストを学習した上での本書の利用は、復習になり記憶の定着ができる。

②過去問で常に成果を確認しながら使う

　ある単元を読んだ後に、本書の姉妹書である『機械保全の過去問500＋チャレンジ100（機械系学科1・2級）』などで学習成果を確認していただきたい。手応えのある成果を確認しながらの学習は、モチベーションがとても向上する。もし、解答ができなかったら「徹底攻略」などのテキストに戻って復習することが大切で、そのときに知識の定着は一層確実になる。

③繰返し学習して縦横の繋がりを把握する

　技能検定試験では、たとえば「ころがり軸受」は学科の「機械要素」や「損傷と対策」として、実技の「振動測定」や「JIS図法」として出題される。そこで「ころがり軸受」という個別項目と「損傷や振動」という関連項目との結び付けに気づくことが大切である。このためには、本書を繰返して読むことが最も効果がある。読み返すうちに各章の項目間の縦横の結びつきが直観的にわかるようになる。

④いつでも、どこでもページを開く習慣を付ける

　本書の最大の目的は、受検直前の知識の確認と整理である。本書でのまとめ方が表を用いているのは、視覚的に章全体の内容が把握できるようにするためで、これは文章を読むよりも圧倒的に学習効率が良い。
　そのためには、常に携帯しておいて、わずかな時間でもチャンスを見てページを開くことが大切で、表全体が知識として自分のものとなる。

CONTENTS

第1章 機械一般 ＋ 機械工作法

第2章 電気一般

第3章 機械保全法一般

第4章 材料一般 + 非金属材料

第5章 安全衛生

第6-1章 機械の主要構成要素の種類、形状および用途

第 6-6 章　力学・材料力学

第 6-7 章　JIS による製図

技能検定試験の試験科目およびその範囲ならびにその細目

〈1級・2級〉　※2級の空欄は1級と同様の試験科目およびその範囲・細目であることを示す

試験科目およびその範囲	試験科目およびその範囲の細目	
	1　級	2　級
【学科試験】 1．機械一般 　機械の種類、構造、機能および用途	次に掲げる機械の種類、構造、機能および用途について一般的な知識を有すること。 (1)工作機械　(2)化学機械　(3)製鉄機械　(4)鋳造機械 (5)繊維機械　(6)荷役機械　(7)自動組立機械 (8)その他の機械	
2．電気一般 　a　電気用語	次に掲げる電気用語について一般的な知識を有すること。 (1)電流　(2)電圧　(3)電気抵抗　(4)電力　(5)周波数　(6)力率	
b　電気機械器具の使用方法	電気機械器具の使用方法に関し、次に掲げる事項について一般的な知識を有すること。 (1)　誘導電動機の回転数、極数および周波数の関係 (2)　電動機の起動方法 (3)　電動機の回転方向の変換方法 (4)　開閉器の取付けおよび取扱いの方法 (5)　回路遮断器の構造および取扱い方法	
c　電気制御装置の基本回路	電気制御装置の基本回路について一般的な知識を有すること。	
3．機械保全法一般 　a　機械の保全計画	機械の保全計画に関し、次に掲げる事項について詳細な知識を有すること。 (1)　次の保全用語 　イ．ライフサイクル　ロ．故障メカニズム　ハ．初期故障、偶発故障および摩耗故障　ニ．1次故障、2次故障および複合故障　ホ．故障解析　ヘ．故障率　ト．定期保全　チ．予防保全　リ．改良保全　ヌ．事後保全　ル．予知保全　ヲ．保全性 (2)　保全重要度の格付けの方法 (3)　機械の管理方式の種類および特徴 (4)　保全内容の評価の方法	

試験科目およびその範囲	試験科目およびその範囲の細目	
	1　級	2　級
b　機械の修理および改良	機械の修理および改良に関し、次に掲げる事項について一般的な知識を有すること。 (1)　修理および改良計画の作成方法 (2)　修理および改良に要する経費の見積り	
c　機械の履歴	機械の履歴に関し、次に掲げる事項について<u>詳細な</u>知識を有すること。 (1)　機械履歴簿の作成方法 (2)　機械の故障傾向の解析方法	一般的な
d　機械の点検	機械の点検に関し、点検表および点検計画書の作成方法について詳細な知識を有すること。	
e　機械の異常時における対応措置の決定	機械の異常時における対応措置に関し、次に掲げる事項について詳細な知識を有すること。 (1)　異常の原因に応じた対応措置の決定の方法 (2)　点検表および点検計画の修正の必要性の判定の方法	
f　品質管理	1．次に掲げる品質管理用語について<u>詳細な</u>知識を有すること。 (1)規格限界　(2)特性要因図　(3)度数分布　(4)ヒストグラム (5)正規分布　(6)抜取り検査　(7)パレート図　(8)管理限界 (9)散布図　(10)作業標準　(11)官能検査 2．次に掲げる管理図について一般的な知識を有すること。 (1)$\bar{X}-R$管理図　(2)p管理図　(3)np管理図　(4)c管理図	一般的な
4．材料一般 a　金属材料の種類、性質および用途	次に掲げる金属材料の種類、性質および用途について一般的な知識を有すること。 (1)炭素鋼　(2)合金鋼　(3)工具鋼　(4)鋳鉄　(5)鋳鋼　(6)アルミニウムおよびアルミニウム合金　(7)銅および銅合金	
b　金属材料の熱処理	金属材料の熱処理に関し、次に掲げる事項について一般的な知識を有すること。 (1)　次の熱処理の方法、効果およびその応用 　　イ．焼入れ　ロ．焼もどし　ハ．焼ならし　ニ．焼きなまし　ホ．表面硬化 (2)　熱処理によって材料に生じやすい欠陥の種類および原因	

試験科目およびその範囲	試験科目およびその範囲の細目	
	1　　級	2　級
5．安全衛生 　　安全衛生に関する 　詳細な知識	1．機械保全作業に伴う安全衛生に関し、次に掲げる事項 　について詳細な知識を有すること。 　(1)　機械、工具、原材料などの危険性または有害性およ 　　びこれらの取扱い方法 　(2)　安全装置、有害物抑制装置または保護具の性能およ 　　び取扱い方法 　(3)　作業手順 　(4)　作業開始時の点検 　(5)　機械保全作業に関して発生するおそれのある疾病の 　　原因および予防 　(6)　整理整頓および清潔の保持 　(7)　事故時などにおける応急措置および退避 　(8)　その他の機械保全作業に関する安全および衛生のた 　　めに必要な事項 2．労働安全衛生法関係法令のうち、機械保全作業に関す 　る部分について詳細な知識を有すること。	
6－イ　機械系保全 法 　a　機械の主要構 　　成要素の種類、 　　形状および用途	機械の主要構成要素に関し、次に掲げる事項について詳 細な知識を有すること。 (1)　次のねじ用語の意味 　　イ．ピッチ　ロ．リード　ハ．ねじれ角　ニ．効率 　　ホ．呼び　へ．有効径 (2)　ねじの種類、形状および用途 (3)　ボルト、ナット、座金などのねじ部品の種類、形状お 　　よび用途 (4)　次の歯車用語の意味 　　イ．モジュール　ロ．ピッチ円　ハ．円ピッチ　ニ．歯 　　先円　ホ．歯底円　へ．かみ合い率　ト．歯厚　チ．歯 　　幅　リ．圧力角　ヌ．歯たけ　ル．歯形　ヲ．バックラ 　　ッシ (5)　次の歯車の形状および用途 　　イ．平歯車　ロ．はすば歯車　ハ．かさ歯車　ニ．やま 　　ば歯車　ホ．ウォームおよびウォームホイール　へ．ね 　　じ歯車　ト．ラックおよびピニオン　チ．ハイポイドギ	

試験科目およびその範囲	試験科目およびその範囲の細目	
	1　級	2　級
	ヤ　リ．フェースギヤ (6)　次のものの種類、形状および用途 　　イ．キー、コッタおよびピン　ロ．軸、軸受および軸継 　手　ハ．リンクおよびカム装置　ニ．リベットおよびリ 　ベット継手　ホ．ベルトおよびチェーン伝動装置 　へ．ブレーキ　ト．ばね　チ．歯車伝動装置　リ．摩擦 　伝動装置　ヌ．無段変速装置　ル．管、管継手、弁およ 　びコック　ヲ．密封装置	
b　機械の主要構成要素の点検	機械の主要構成要素の点検に関し、次に掲げる事項につ いて詳細な知識を有すること。 (1)　機械の主要構成要素の点検項目および点検方法 (2)　機械の点検に使用する次の器工具などの種類、構造お 　よび使用方法 　　イ．テストハンマー　ロ．聴音器　ハ．アイスコープ 　ニ．ノギス　ホ．マイクロメーター　へ．すきまゲージ 　ト．ダイヤルゲージ　チ．シリンダーゲージ　リ．温度 　計　ヌ．水準器　ル．粘度計　ヲ．振動計　ワ．回転計 　カ．騒音計　ヨ．硬さ試験機　タ．流量計　レ．回路計	
c　機械の主要構成要素に生じる欠陥の種類、原因および発見方法	機械の主要構成要素に生じる損傷および異常現象に関し、 次に掲げる事項の種類、原因およびその微候の発見方法に ついて詳細な知識を有すること。 (1)焼付き　(2)異常摩耗　(3)破損　(4)過熱　(5)発煙　(6)異 臭　(7)異常振動　(8)異音　(9)漏れ　(10)亀裂　(11)腐食　(12)詰 まり　(13)よごれ　(14)作動不良	
d　機械の主要構成要素の異常時における対応措置の決定	機械の異常時における対応措置に関し、機械の主要構成 要素の使用限界の判定の方法について詳細な知識を有する こと。	
e　潤滑および給油	潤滑および給油に関し、次に掲げる事項について詳細な 知識を有すること。 (1)　潤滑剤の種類、性質および用途 (2)　潤滑方式の種類、特徴および用途 (3)　次の潤滑状態の特徴 　　イ．流体潤滑　ロ．境界潤滑　ハ．固体潤滑	

試験科目およびその範囲	試験科目およびその範囲の細目	
	1 級	2 級
	(4) 潤滑剤の劣化の原因および防止方法 (5) 潤滑剤の分析の方法および浄化の方法	
f 機械工作法の種類および特徴	次に掲げる工作法の種類および特徴について一般的な知識を有すること。 (1)機械加工 (2)手仕上げ (3)溶接 (4)鋳造 (5)鍛造 (6)板金	
g 非破壊検査	非破壊検査の種類、特徴および用途について、一般的な知識を有すること。	概略の
h 油圧装置および空気圧装置の基本回路	1．油圧装置および空気圧装置に関し、次に掲げる事項について一般的な知識を有すること。 (1)圧力 (2)流量 (3)圧力降下 (4)パスカルの原理 2．油圧サーボ回路および空気圧サーボ回路について一般的な知識を有すること。	
i 油圧機器および空気圧機器の種類、構造および機能	次に掲げる油圧機器および空気圧機器の種類、構造および機能について詳細な知識を有すること。 (1)油圧ポンプ (2)油圧シリンダーおよび空気圧シリンダー (3)油圧モーターおよび空気圧モーター (4)油圧計および空気圧計 (5)電磁弁 (6)圧力スイッチおよび圧力センサー (7)フィルター (8)空気圧縮機 (9)アキュムレーター	
j 油圧装置および空気圧装置に生じる故障の種類、原因および防止方法	油圧装置および空気圧装置に生じる故障の種類、原因および防止方法について詳細な知識を有すること。	
k 作動油の種類および性質	作動油の種類および性質について詳細な知識を有すること。	一般的な
l 非金属材料の種類、性質および用途	次に掲げる非金属材料の種類、性質および用途について一般的な知識を有すること。 (1)プラスチック (2)ゴム (3)セラミック	
m 金属材料の表面処理	次に掲げる金属材料の表面処理の方法およびその効果について一般的な知識を有すること。 (1)表面硬化法 (2)金属皮膜法 (3)電気めっき (4)塗装 (5)ライニング	

試験科目およびその範囲	試験科目およびその範囲の細目	
	1 級	2 級
n 力学の基礎知識	力学に関し、次に掲げる事項について一般的な知識を有すること。 (1)力のつり合い (2)力の合成および分解 (3)モーメント (4)速度および加速度 (5)回転速度 (6)仕事およびエネルギー (7)動力 (8)仕事の効率	
o 材料力学の基礎知識	材料力学に関し、次に掲げる事項について一般的な知識を有すること。 (1)荷重 (2)応力 (3)ひずみ (4)剛性 (5)安全率	
p 日本産業規格に定める図示法、材料記号、油圧・空気圧用図記号、電気用図記号およびはめ合い方式	1．日本産業規格に関し、次に掲げる事項について一般的な知識を有すること。 (1) 次の図示法 イ．投影および断面 ロ．線の種類 ハ．ねじ、歯車などの略画法 ニ．寸法記入法 ホ．表面粗さと仕上げ記号 ヘ．加工方法記号 ト．溶接記号 チ．平面度、直角度などの表示法 (2) おもな金属材料の材料記号 (3) 油圧・空気圧用図記号 (4) 電気用図記号 2．日本産業規格に定めるはめ合い方式の用語、種類および等級などについて詳細な知識を有すること。	一般的な
【実技試験】 機械系保全作業 機械の保全計画の作成	機械の保全計画の作成に関し、次に掲げる作業ができること。 (1) 機械履歴簿、点検表および点検計画書の作成 (2) 機械の故障傾向の分析	削 除
機械の主要構成要素に生じる欠陥の発見	機械の主要構成要素に生じる次に掲げる損傷などの徴候の発見ができること。 (1)焼付き (2)異常摩耗 (3)破損 (4)過熱 (5)発煙 (6)異臭 (7)異常振動 (8)異音 (9)漏れ (10)亀裂 (11)腐食	
機械の異常時における対応措置の決定	1．機械の異常時における対応措置に関し、次に掲げる作業ができること。 (1) 異常の原因の発見	

試験科目およびその範囲	試験科目およびその範囲の細目	
	1 級	2 級
	(2) 異常の原因に応じた対応措置の決定 2．機械の異常時における対応措置に関し、次に掲げる判定ができること。 (1) 機械の主要構成要素の使用限界 (2) 点検表および点検計画の修正の必要性	
潤滑剤の判別	1 潤滑剤に関し、次に掲げる判別ができること。 (1)種類 (2)粘度 (3)劣化の程度 (4)混入不純物 2．混入不純物により潤滑不良個所の推定ができること。	
作業時間の見積り	作業時間の見積りができること。	削 除
6－ロ 電気系保全法 a 電気機器	1．次に掲げる電気機器の種類、構造、機能、制御対象、用途、具備条件および保護装置について一般的な知識を有すること。 (1)回転機 (2)変圧器 (3)配電盤・制御盤 (4)開閉制御器具 2．次に掲げる事項について一般的な知識を有すること。 (1) 次の電気機器関連機器の構造、機能および用途 イ．サーボモーター ロ．ステッピングモーター ハ．シンクロモーター ニ．電力用コンデンサー ホ．リアクトル ヘ．サイリスターおよび整流装置 ト．インバーター (2) 主要な関連部品の種類、構造、機能および用途 3．配線および導体の接続に関し、配線の種類、配線方式、接続法、配線の良否の判定および接続部の絶縁処理について一般的な知識を有すること。 4．電気機器の巻き線の方法について一般的な知識を有すること。 5．電気機器の計測に関し、次に掲げる事項について概略の知識を有すること。 (1) 測定の種類 (2) 計測器の種類および用途 (3) 測定誤差の表し方および種類	概略の 概略の 概略の 概略の

試験科目およびその範囲	試験科目およびその範囲の細目	
	1　級	2　級
b　電子機器	1．次に掲げる電子機器用部品の種類、性質および用途について詳細な知識を有すること。 (1)トランジスタ　(2)ダイオード　(3)集積回路　(4)制御整流素子　(5)センサー（光電スイッチ、磁気近接スイッチ、エンコーダー、レゾルバなど）　(6)抵抗器　(7)コンデンサー　(8)コイルおよび変成器　(9)継電器	一般的な
	2．次に掲げる電子機器用部品の種類、性質および用途について一般的な知識を有すること。 (1)レーザー素子　(2)液晶素子　(3)振動素子　(4)磁気テープ、磁気ディスクなどの磁気記録用媒体　(5)光ディスク　(6)その他の電子機器用部品	概略の
	3．プログラマブルコントローラーの基本的構造、機能および用途について詳細な知識を有すること。	一般的な
	4．次に掲げる電子機器の基本的構造、機能および用途について一般的な知識を有すること。 (1)　オシロスコープ、計数器、テスター、発振器、ノイズシミュレーターなどの電子計測器 (2)　ワンボードマイコン、パーソナルコンピュータなどのコンピュータおよびその周辺機器 (3)　遠隔制御機器、データ伝送端末機器などの制御機器およびデータ機器 (4)　調節計、変換器などの工業用計器 (5)　ソナー、探傷機器、ＮＣ機器、産業用ロボットなどの電子応用機器	概略の
	5．次に掲げる電子機器の計測について一般的な知識を有すること。 (1)電圧、電流および電力　(2)周波数および波長　(3)波形および位相　(4)抵抗、インピーダンス、キャパシタンスおよびインダクタンス　(5)半導体素子特性　(6)増幅回路特性	概略の
c　電気および磁気の作用	電気および磁気の作用に関し、次に掲げる事項について一般的な知識を有すること。 (1)　静電気 イ．静電現象　ロ．静電誘導　ハ．電界　ニ．静電容量	概略の

16

試験科目およびその範囲	試験科目およびその範囲の細目	
	1 　級	2 　級
	(2) 磁気 イ．磁気現象　ロ．磁性体　ハ．磁界および磁力線 (3) 電磁誘導 イ．電流と磁気作用　ロ．電流と磁気の間に働く力 ハ．電磁誘導　ニ．インダクタンス	
d　電子とその作用	電子とその作用に関し、次に掲げる事項について<u>一般的な知識</u>を有すること。 (1) 電子 イ．原子の構造　ロ．自由電子　ハ．電子の運動 (2) 電子放出 イ．熱電子放出　ロ．2次電子放出　ハ．光電子放出 ニ．電界放出	概略の
e　電気回路	電気回路に関し、次に掲げる事項について一般的な知識を有すること。 (1) 直流回路 イ．オームの法則およびキルヒホッフの法則　ロ．電気抵抗　ハ．電流の熱作用 (2) 交流回路 イ．交流の性質　ロ．交流のベクトル表示　ハ．インピーダンスおよびリアクタンス　ニ．L.C.R の直列、並列接続 ホ．交流電力　ヘ．三相交流 ト．過渡現象(直流電源とC.R直列回路)	
f　電子回路	次に掲げる電子回路の構成、動作原理および動作特性について<u>一般的な知識</u>を有すること。 (1)増幅回路　(2)発振回路　(3)電源回路　(4)論理回路　(5)計数回路　(6)パルス回路　(7)演算増幅回路	概略の
g　機械の電気部分の点検	機械の電気部分の点検に関し、次に掲げる事項について、詳細な知識を有すること。 (1) 点検項目および点検方法 (2) 点検に使用する次の器工具などの種類、構造および使用方法 イ．回路計　ロ．絶縁抵抗計　ハ．オシロスコープ ニ．回転計　ホ．検相器　ヘ．力率計　ト．検電器 チ．サーモテスター　リ．聴音器　ヌ．振動計	一般的な

試験科目およびその範囲	試験科目およびその範囲の細目	
	1　級	2　級
	ル．電力計　ヲ．電圧計　ワ．電流計（クランプメーター）	
h　機械の電気部分に生じる欠陥の種類、原因および発見方法	機械の電気部分に生じる異常現象に関し、次に掲げる事項の種類、原因およびその徴候の発見方法について、ソフトウェアを含め、詳細な知識を有すること。 (1)静電誘導　(2)電磁誘導　(3)混触　(4)短絡　(5)地絡　(6)高調波　(7)うなり　(8)過熱　(9)発煙　(10)異臭　(11)焼付き　(12)亀裂　(13)変色　(14)作動不良　(15)異音　(16)振動　(17)接触不良　(18)電圧低下　(19)過電流　(20)欠相　(21)絶縁抵抗の低下　(22)断線　(23)溶断　(24)漏電　(25)ノイズとサージ	一般的な
i　機械の電気部分の異常時における対応措置の決定	機械の電気部分の異常時における対応措置に関し、使用限界の判定の方法について、ソフトウェアを含め、詳細な知識を有すること。	
j　配線および結線ならびにそれらの試験方法	1．配線および結線に関し、次に掲げる事項について詳細な知識を有すること。 (1) 次の配線方式 イ．ケーブル配線方式　ロ．ダクト配線方式　ハ．ラック配線方式　ニ．管内配線方式　ホ．ケーブルベア配線方式　ヘ．地中埋設配線方式 (2) 配線に関する次の事項 イ．電線の屈曲半径　ロ．電線被覆損傷の防止　ハ．防湿および防水　ニ．テーピング　ホ．振動機器に対する配線 (3) 接続および分岐作業に関する次の事項 イ．はんだ付け作業　ロ．圧着接続作業　ハ．締付け接続作業　ニ．リングマーク取付け作業　ホ．プログラマブルコントローラーの入出力の接続方法　ヘ．アースおよびシールドの接続方法　ト．配線の色分け、制御系の区分方法　チ．結線作業に使用する器工具の種類、構造、管理および使用方法 2．配線および結線の試験に関し、次に掲げる事項について一般的な知識を有すること。 (1) 導通試験および絶縁抵抗試験の方法 (2) シーケンス試験の方法 (3) 試験測定器の使用方法	一般的な 概略の

試験科目およびその範囲	試験科目およびその範囲の細目		
	1　級		2　級
k　半導体材料、導電材料、抵抗材料、磁気材料および絶縁材料の種類、性質および用途	1．半導体材料の種類、性質および用途について<u>一般的な</u>知識を有すること。 2．導電材料（接点材料を含む）および抵抗材料の種類、性質および用途について詳細な知識を有すること。 3．磁気材料の種類、性質および用途について<u>一般的な</u>知識を有すること。 4．絶縁材料の種類、性質および用途について<u>詳細な</u>知識を有すること。		概略の 一般的な 概略の 一般的な
l　機械の主要構成要素の種類、形状および用途	次に掲げる機械部品の主要構成要素の種類、形状および用途について<u>一般的な</u>知識を有すること。 (1)ねじ、ボルト、ナットおよび座金　(2)キー、コッタおよびピン　(3)軸、軸受および軸継手　(4)歯車　(5)ベルトおよびチェーン伝動装置　(6)リンクおよびカム装置　(7)ブレーキおよびクラッチ　(8)ばね　(9)搬送位置決め機構　(10)ハンドリング機構		概略の
m　油圧および空気圧の基礎理論	次に掲げる事項について一般的な知識を有すること。 (1)　油圧および空気圧に関する基本原理 (2)　油圧機器および空気圧機器の種類、構造および機能		
n　日本産業規格に定める図示法、材料記号、電気用図記号、シーケンス制御用展開接続図およびはめ合い方式	1．日本産業規格などに関し、次に掲げる事項について<u>詳細な</u>知識を有すること。 (1)製図通則　(2)電気用図記号　(3)電子機器に関する記号　(4)シーケンス制御用展開接続図　(5)回路図、束線図、プリント基板パターン図などの読図　(6)制御フローチャート 2．日本産業規格に関し、次に掲げる事項について<u>一般的な</u>知識を有すること。 (1)油圧・空気圧用図記号　(2)計装用記号　(3)金属材料の種類および記号　(4)絶縁材料の種類および記号　(5)電気機器および制御機器の絶縁の種類　(6)電気装置の取っ手の操作と状態の表示　(7)はめ合い方式		一般的な 概略の

試験科目およびその範囲	試験科目およびその範囲の細目	
	1　級	2　級
【実技試験】 電気系保全作業 　機械の保全計画の作成	機械の保全計画の作成に関し、次に掲げる作業ができること。 (1)　機械履歴簿、点検表および点検計画書の作成 (2)　機械の故障傾向の分析	削　除
機械の電気部分に生じる欠陥の発見	1．機械の電気部分の点検に関し、次に掲げる作業ができること。 (1)電動機の点検　(2)電線の点検　(3)はんだ付け部の点検 (4)圧着接続部の点検　(5)遮断器の点検　(6)電磁開閉器の点検　(7)検出スイッチの点検　(8)計装機器の点検 2．機械の電気部分に生じる次に掲げる欠陥などの徴候の発見ができること。 (1)短絡　(2)断線　(3)地絡　(4)接触不良　(5)絶縁不良 (6)過熱　(7)異音　(8)発煙　(9)異臭　(10)焼付き　(11)溶断　(12)漏電	
電気および電子計測器の取扱い	次に掲げる電気および電子計測器を用いて計測作業ができること。 (1)電圧計　(2)電流計　(3)電位差計　(4)電力計　(5)回路計(テスター)　(6)オシログラフ　(7)ブラウン管オシロスコープ	
機械の制御回路の組立および異常時における対応措置の決定	1．プログラマブルコントローラのプログラミングおよびリレーシーケンス回路の組立ができること。 2．機械の電気部分に生じる異常時における対応措置に関し、次に掲げる作業ができること。 (1)異常の原因の発見　(2)修理部品の選定および異常個所の復旧　(3)保全作業時に必要な工具、測定器の選定および使用　(4)不良個所研究時および修理完了後の機能およびシーケンスの動作のチェック　(5)電気回路の改善 (6)電気、エア、油圧に関する安全性の確認　(7)再発防止の対策 3．機械の電気部分に生じる異常時における対応措置に関し、次に掲げる判定ができること。 (1)電気部分の使用限界　(2)点検表および点検計画の修正の必要性	
作業時間の見積り	作業時間の見積りができること。	削　除

試験科目およびその範囲	試験科目およびその範囲の細目	
	1 級	2 級
6－ハ　設備診断法 　a　設備診断技術	設備診断に関し、次に掲げる事項について一般的な知識を有すること。 (1)目的　(2)簡易診断　(3)精密診断	概略の
b　機械要素および要素機械	1．機械の主要構成要素に関し、次に掲げる事項について一般的な知識を有すること。 　(1)　ねじ 　　イ．種類　　ロ．用途 　(2)　ボルト、ナット、座金などのねじ部品 　　イ．種類　　ロ．用途 　(3)　軸、軸受および軸継手 　　イ．種類　　ロ．形状　　ハ．用途 　　ニ．軸受の構造および劣化 　　　(イ)構造　　(ロ)劣化　　(ハ)寿命の定義 　　　(ニ)寿命計算 　(4)　歯車 　　イ．種類　　ロ．形状　　ハ．用途 　　ニ．歯車用語　ホ．歯当たり 　(5)　次のものの種類および用途 　　イ．キー　　ロ．コッタ・ピン　ハ．ベルト 　　ニ．チェーン　ホ．カム・リンク　へ．ばね 　(6)　潤滑剤 　　イ．種類　　ロ．性質　　ハ．用途 2．主要要素機械に関し、次に掲げる事項について一般的な知識を有すること。 (1)変速機　(2)ファン・ブロワ　(3)ポンプ (4)コンプレッサー　(5)電動機	概略の 概略の
c　設備の症状	1．設備・要素の劣化・故障モードに関し、次に掲げる事項について一般的な知識を有すること。 (1)異常振動　　(2)異常音　　　(3)摩耗 (4)腐食　　　　(5)割れ　　　　(6)ゆるみ・がた (7)異常温度　　(8)油劣化　　　(9)絶縁劣化 (10)ひずみ　　　(11)異臭　　　　(12)漏洩 (13)作動不良　　(14)導電不良　　(15)詰まり (16)アンバランス　(17)フレーキング　(18)油汚染	概略の

試験科目およびその範囲	試験科目およびその範囲の細目	
	1　級	2　級
	(19)漏電　　　　　(20)ミスアライメント 2．次に掲げる軸受の損傷に関する現象・原因・対策について一般的な知識を有すること。 (1)フレーキング　(2)かじり　　(3)スミアリング (4)摩耗　　　　　(5)圧こん　　(6)割れ・欠け (7)フレッチング　(8)さび・腐食　(9)焼付き (10)クリープ　　　(11)電食　　　(12)保持器破損 3．次に掲げる歯車の損傷に関する現象・原因・対策について一般的な知識を有すること。 (1)ピッチング　(2)スポーリング　(3)アブレシブ摩耗 (4)スコーリング	概略の 概略の
d　測定法および 　　測定解析	1．設備診断測定法に関し、次に掲げる事項について一般的な知識を有すること。 (1)振動測定　　　(2)音響測定　　　(3)温度測定 (4)超音波探傷　　(5)放射線透過試験　(6)磁気探傷 (7)浸透探傷　　　(8)漏洩検出　　　(9)化学計測 (10)ＡＥ（アコースティック・エミッション） (11)電気抵抗測定　(12)圧力測定 (13)応力・トルク測定　(14)絶縁測定 (15)微小電流・電力測定　(16)油汚染分析 2．振動測定法に関し、次に掲げる事項について詳細な知識を有すること。 (1)　ピックアップの取付け方法と周波数特性 (2)　検出感度を支配する測定位置および測定面 　　イ．測定位置　ロ．測定方向　ハ．対象面の状況 (3)　振動ピックアップ 3．測定解析に関し、次に掲げる事項について一般的な知識を有すること。 (1)ＦＦＴ解析　　　(2)フィルタリング処理 (3)エンベロープ処理　(4)平均応答処理 (5)相関解析　　　　(6)伝達関数 (7)次数比分析　　　(8)キャンベル線図	概略の 一般的な 概略の
e　判定法	1．判定法に関し、次に掲げる事項について詳細な知識を有すること。	一般的な

試験科目およびその範囲	試験科目およびその範囲の細目	
	1　級	2　級
	(1)絶対判定法　(2)相対判定法　(3)相互判定法 (4)波高率法 2．振動診断に関し、次に掲げる事項について詳細な知識 　を有すること。 　(1)　振動の波形 　　イ．周期　　　　ロ．周波数 　　ハ．振幅(加速度、速度、変位、最大値、平均値、実 　　　効値) 　　ニ．位相 　(2)　振動特性 　　イ．共振　　ロ．強制振動　　　ハ．自励振動 　　ニ．固有振動 　(3)　異常原因と発生する振動周波数、位相、振幅の関係 　　イ．軸受　　ロ．歯車　　ハ．軸・ローター 　　ニ．漏れ　　ホ．電動機 　(4)　バランシング　　　(5)　音源推定 3．絶縁診断による電動機、ケーブルなどの異常診断に関 　し、次に掲げる事項について一般的な知識を有すること。 　(1)絶縁　(2)絶縁診断に関する測定と判定 4．AE（アコースティック・エミッション）による異常 　診断に関し、次に掲げる事項について一般的な知識を有 　すること。 　(1)　AEの現象 　(2)　AEとUTの違い 　(3)　可聴音のAE 　(4)　AE系の観察 　　イ．イベントカウント　　ロ．カウントレート 　　ハ．持続時間 　(5)　AE法の応用分野 　　イ．圧力タンク　ロ．疲労進展監視　ハ．リーク 　　ニ．工具損耗　ホ．ころがり軸受診断 　　ヘ．すべり軸受診断　ト．位置評定（発生源の特定） 　　チ．低速回転軸受診断 5．油汚染分析による潤滑油診断に関し、次に掲げる事項 　について一般的な知識を有すること。	一般的な 概略の 概略の 概略の

試験科目およびその範囲	試験科目およびその範囲の細目	
	1　級	2　級
	(1)　油汚染分析法（NAS、SOAP、フェログラフィ） (2)　油のサンプリング法と希釈法 (3)　汚染原因分析と判定法 6．温度測定によるころがり軸受およびすべり軸受の異常診断に関し、次に掲げる事項について<u>一般的な知識</u>を有すること。 　(1)　発熱の原理と設備異常の関係 　　イ．金属の接触　ロ．ジュール熱 　　ハ．誘導加熱　　ニ．輻射熱 　　ホ．燃焼 　(2)　異常温度の診断機器とその特徴 　　イ．触手　　　　ロ．サーモラベル 　　ハ．熱電対　　　ニ．棒状温度計 　　ホ．非接触式 　(3)　測定点方法の留意点 　　イ．測定点　　　ロ．周囲温度の影響 　　ハ．安全面 　(4)　判定方法 　　イ．ころがり軸受　ロ．すべり軸受	概略の
f　故障解析技術	故障解析技術に関し、次に掲げる事項について<u>一般的な知識</u>を有すること。 　(1)　構造物の内部、表面、破損原因解析 　　イ．超音波探傷　ロ．放射線透過試験 　　ハ．磁気探傷　　ニ．浸透探傷 　　ホ．破面解析（マクロ、マイクロフラクトグラフィ） 　　ヘ．渦流探傷 　(2)　ころがり軸受の損傷解析 　　イ．外観　ロ．潤滑剤分析　ハ．フェログラフィ 　　ニ．振動解析 　(3)　歯車の損傷解析 　　イ．外観　ロ．潤滑剤分析　ハ．フェログラフィ 　　ニ．振動解析　ホ．磁気探傷　　ヘ．浸透探傷 　(4)　ストレス解析 　　ひずみゲージ	概略の

試験科目およびその範囲	試験科目およびその範囲の細目	
	1　級	2　級
g　診断結果に基づく処置の方法	診断結果に基づく処置の方法について、次に掲げる事項に関する一般的な知識を有すること。 (1)異常有無の判定　(2)異常原因の究明 (3)対応処置の決定	概略の
【実技試験】 設備診断作業 設備の状況がわかる測定データの収集	1．日常的な設備診断の計画を次に掲げる事項について策定できること。 (1)測定周期　(2)測定部位　(3)測定パラメーター (4)測定条件　(5)判定基準 2．振動モードにおけるデータの収集のために、次に掲げる事項を設定できること。 (1)加速度　(2)速度　(3)変位 (4)加速度エンベロープ 3．次に掲げる試験法による絶縁測定のデータの収集ができること。 (1)耐圧試験　　　(2)絶縁抵抗試験 (3)誘電正接試験　(4)部分放電試験 4．油汚染分析に必要なデータを収集するために、次に掲げる作業ができること。 (1)　サンプリング (2)　潤滑油の種類、粘度、劣化の程度および混入不純物の測定 5．非破壊検査によるデータを収集するために検査法を選択し、適用することができること。	1は削除
測定データの解析および判定	1．振動測定により、次に掲げる診断ができること。 (1)　次の機械要素に関する精密診断 　　イ．ころがり軸受　ロ．歯車　ハ．軸・ローター (2)　次の要素機械に関する簡易診断 　　イ．減速機　ロ．ファン・ブロワ 　　ハ．ポンプ・コンプレッサー 2．絶縁測定により、次に掲げる機械および機械要素の診断ができること。 (1)　電動機　　　(2)ケーブル	

試験科目およびその範囲	試験科目およびその範囲の細目	
	1 級	2 級
	3．油汚染分析により、次に掲げる機械および機械要素の診断ができること。 (1)ころがり軸受　(2)すべり軸受 (3)歯車　　　　　(4)スクリュー圧縮機 4．次に掲げる非破壊検査に基づく診断ができること。 (1)超音波探傷　　(2)放射線透過試験 (3)磁気探傷　　　(4)浸透探傷 5．次に掲げる損傷を見分けられること。 (1)フレーキング　(2)かじり　　　(3)スミアリング (4)摩耗　　　　　(5)圧こん　　　(6)割れ・欠け (7)フレッチング　(8)さび・腐食　(9)焼付き (10)クリープ　　　(11)電食　　　　(12)保持器破損	
設備の保全方法の決定および処置	診断結果に基づいて、次に掲げる事項を立案できること。 (1)保全時期　　(2)保全内容 (3)応急処置　　(4)恒久処置	

第 1 章

機械一般 ＋ 機械工作法

本章は、試験機関が公表している「試験科目及びその範囲並びにその細目」（以下「細目」と略記）の学科試験のうち、「機械一般」と「機械工作法の種類及び特徴」を１つの章としてまとめたものである。これは「機械一般」は択一問題（〇か×かの選択）、「機械工作法の種類及び特徴」は四者択一問題ではあるが、本来機械と加工法は分離できないものであり、学習上からも関連して覚えることがもっとも効率がよいためである。

「細目」の中で実際に出題が多いのは、「機械一般」では（1）工作機械（フライス盤、ボール盤、マシニングセンタなど）と（7）自動組立て機械（オートローダ、パーツフィーダなど）であり、「機械工作法の種類及び特徴」では、（1）機械加工（レーザ加工、電子ビーム加工など）、（2）手仕上げ（ラップ仕上げ、きさげ作業）、（3）溶接（被膜アーク溶接、被膜剤の効果など）、（4）鋳造（鋳造の種類など）である。

本章については、機械や加工法について、名称や特徴を知っているか否かという基礎的な問いであり、突っ込んだ内容や引っ掛け問題は出題されない。しかし、逆に言えば、用語を知らなければまったく解答ができないことになるので、本書によってまず用語について記憶を確かなものとするのが最良の学習法である。

1 機械一般＋機械工作法

1-1 工作機械とできる加工の種類、特徴

工作機械（一般）						
名　称	外　観	使用工具	加工の仕方	できる加工	大きさの表し方	機械の種類
旋　盤	1-1	バイト	被加工物を回転させ、工具をあてて円筒削りを行う	外丸削り 突切り 正面削り ねじ切り	振りと両センタ間距離	普通旋盤 正面旋盤 タレット旋盤 ならい旋盤
ボール盤	1-2	ドリル	工具を回転させ、被加工物に穴あけなどを行う	穴あけ 中ぐり 座繰り リーマ	スピンドル中心からコラムまでの最短距離の2倍	直立ボール盤 ラジアルボール盤 多軸ボール盤 多頭ボール盤
フライス盤	1-3	フライス	工具を回転させて、被加工物を水平、上下に動かし、平面削りや溝削りなどを行う 上向き削りと下向き削りがある（1-6）	平面削り 側面削り 溝削り	テーブルの移動量、主軸中心線からテーブル面までの最大距離	横フライス盤 縦フライス盤 万能フライス盤
形削り盤	1-4	バイト	工具を直線往復運動させて、平面削りや溝削りを行う 小型部品に適用、大型部品には平削り盤を使用	平面削り 側面削り 溝削り	ラムの最大切削工程 テーブルの移動量 テーブルの大きさ	
研削盤	1-5	砥　石	砥石を回転させて、工作物を水平、上下に動かし、平面や円筒面などを微細に削る 仕上げ面精度は、砥石の砥粒の硬さや形状の影響を受ける	トラバース研削 プランジ研削	テーブル上の振り、センタ間距離、研削できる外径および砥石車の大きさ	円筒研削盤 万能研削盤

1-1

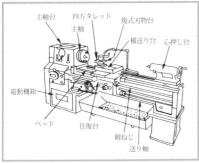

主軸台　四方タレット　複式刃物台
主軸　横送り台　心押し台
電動機箱
ベッド　往復台
親ねじ
送り軸

1-2

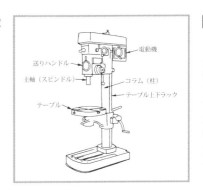

電動機
送りハンドル
主軸（スピンドル）　コラム（柱）
テーブル上下ラック
テーブル

1-3

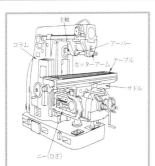

主軸
コラム　アーバー
カッターアーム　テーブル
サドル
ニー（ひざ）

1-4

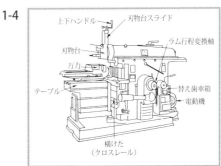

上下ハンドル　刃物台スライド
刃物台　ラム行程変換軸
万力
テーブル　替え歯車箱
電動機
横けた
（クロスレール）

1-5

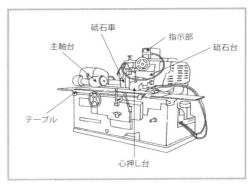

砥石車　指示部
主軸台　砥石台
テーブル
心押し台

1-6

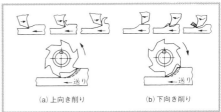

送り　送り
（a）上向き削り　（b）下向き削り

工作機械（精密加工用）			
名　称	加工部解説	使用工具	加工の仕方
ホーニング盤	拡張器／砥石／工作物	ホーン（棒状砥石）	被加工物の円筒内面を、油砥石を運動させ、円筒内面などを精密に研いで仕上げる方法
ラップ盤	加圧／ラップ剤／ラップ油／湿式法　　加圧／ラップ剤／乾式法	ラップ剤（研磨剤）	ラッピング（ラップ（定盤）の上にラップ剤を散布し被加工物の表面を押しつけて擦る）を行う マシンラッピング（ラップ盤）ハンドラッピング（手作業）
ブローチ盤	ブローチ	ブローチ	加工形状と相似する多数の刃が順次寸法を増す工具を押し引きすることで穴や外径の加工を行う 大量生産に適する
形彫放電加工機	電極／放電火花／被加工物	立体形状電極	電極と加工物との間にアーク放電を発生させ、被加工物表面を溶かして除去する
ワイヤカット放電加工機	電極（ワイヤー）／放電火花／被加工物	ワイヤ電極	加工物は導電性が必要 超硬合金のような硬い材質でも加工できる

工作機械（ファクトリーオートメーション用）		
名　称	外　観	特　徴
NC工作機械	加工プログラムをもとにNC（Numerically Controlled：数値制御）によって動作する 機械の種類 NCフライス盤、NC旋盤 NCボール盤など	加工精度高い 複雑形状を加工 1回の段取りで複数工程行う
マシニングセンタ	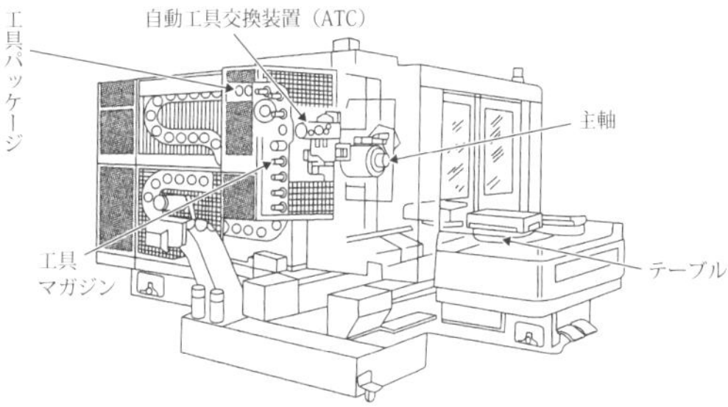 自動工具交換装置（ATC） 工具パッケージ 主軸 工具マガジン テーブル	数値制御で旋盤やフライス盤、ボール盤などの加工を1台で行う。自動工具交換装置を持つ
自動工具交換装置装置ATC		マガジンラックの工具を選択してマシニングセンタの加工部に自動供給・交換する装置
パーツフィーダ	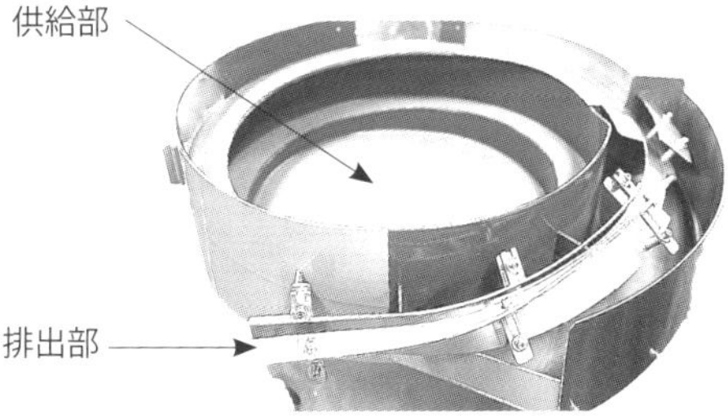 供給部 排出部	加工、組立などに供給する部品を整列して所定の場所まで自動的に送り出す装置
オートローダ	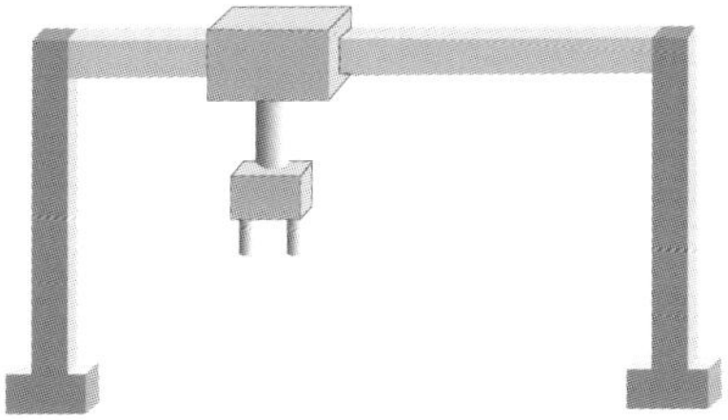	工作機械などに工作物を自動的に取付け、取外しをする装置

＊工作機械の名称は工具に由来する
　ホーニング盤：ホーン（角の意）と呼ばれる棒状の砥石を使う
　ラップ盤：ラップ（研磨剤でこすることを意味する）剤を使う
　ブローチ盤：ブローチと呼ばれる層状になった刃物を使う

1-2 機械工作法の種類と特徴

溶　接

溶接は接合したい母材を加熱して接合する融接（アーク溶接、ガス溶接など）と加熱と加圧によって接合する圧接（スポット溶接、シーム溶接など）がある。ここでは出題頻度の高い融接についてまとめる。

名　称	溶接内容	種　類	特　徴
アーク溶接	被加工物（金属母材）と電極の間で発生したアークによって電極・溶加材と母材を溶かし、母材間をつなげて接合する溶接法	①被膜アーク溶接 ② TIG 溶接 ③ MIG 溶接	溶接機は交流、直流の両方がある
①被膜アーク溶接	・電極は溶接棒（消耗） ・溶接棒は金属芯にアークの安定化などを目的とした被膜剤を塗布したもの	1-7	鋼材の溶接に使われる
② TIG 溶接	・溶接部を不活性ガスでシールド ・電極はタングステン（非消耗）電極の他に消耗溶加材を母材とともに溶かして溶接する	1-8	極薄鋼板の溶接、アルミニウム合金、ステンレス鋼に使われる
③ MIG 溶接	・溶接部を不活性ガスでシールド ・電極は金属ワイヤ（消耗）		チタン材料に使われる
ガス溶接	ガスを燃焼させて溶加材と母材を溶かし、母材間をつなげて接合する溶接法	酸素＋アセチレン 酸素＋水素 酸素＋プロパン	薄板接合が可 異種接合が可 低融点金属の接合が可

鋳造と鍛造			
名　称	加工内容	加工の種類	特徴
鍛　造	個体金属（炭素鋼など）をハンマーなどで叩いて、圧力を加えて変形させる加工	熱間鍛造 冷間鍛造	組織が緊密で高強度
鋳　造	溶かした金属（鋳鉄、アルミニウム合金など）を型に流し込み、型の形状を製品に転写する加工法	砂型鋳造 ダイカスト V プロセス鋳造	複雑形状に適する 空洞や収縮が発生

1-7

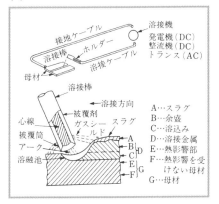

1-8

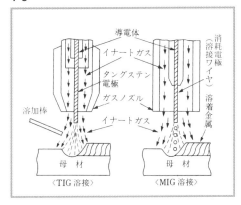

〈TIG 溶接〉　〈MIG 溶接〉

高エネルギー加工			
熱エネルギー、流体エネルギー、光エネルギーを収束して照射することで除去加工を行う			
名　称	加工内容	加工の種類	特徴
①ウオータジェット加工	直径が 0.1mm 前後の水を高速で加工物表面に噴出して、水撃で除去加工を行う	切断、穴あけ	金属、非金属材料の加工可
②電子ビーム加工	電子の束を電磁レンズで収束して加工物表面に焦点を結ばせ、熱で対象物を融解・蒸発させる	切断、穴あけ	真空中で加工　異種金属の接合が可能
レーザ加工	レーザ光を集光レンズで収束してレーザヘッドから加工物表面に照射し、熱で対象物を融解・蒸発させる	切断、穴あけ、溶接、熱処理	金属、非金属材料の加工可

1-3 仕上げ加工の種類と特徴

表面仕上げ加工				
名称		加工内容	加工の種類	特　徴
手作業	①ラップ仕上げ	ラップ（定盤）の上にラップ剤を散布し加工物の表面を押しつけて擦る（ラップ盤と同じ加工）	乾式法湿式法	乾式法の方が仕上がり面に光沢が出る
手作業	②きさげ作業	金属をすり合わせながら、きさげと呼ばれるノミのような工具で数μmの凸凹を平らに削る超平面仕上げ	赤あたり黒あたり	工作機械の摺動面の仕上げとして行う
化学反応利用	①化学研磨	化学反応により加工物表面の突起物を選択溶解して研磨効果を得る		電解研磨のように電源を必要としない
化学反応利用	②電解研磨	電気分解により陽極とした加工物表面の突起物を選択溶解して研磨効果を得る		化学研磨より研磨効果が優れる

その他				
名称		加工内容	加工の種類	特　徴
フォトエッチング		加工物表面を局部的に被膜して、被膜の無い部分をエッチング（溶解）により除去する		リードフレームなどを量産できる
超音波洗浄		純水中で発生する約 100〜10 数μm の泡により洗浄を行う		周波数が高いほど洗浄能力が高い

第 2 章

電気一般

本章は、「細目」に示されている学科試験の択一問題（○か×かの選択）の「電気一般」である。

「細目」の中で実際に出題が多いのは、次のとおりである。
「電気用語」：(1) (2) (3) の連合問題（電気回路を示して合成抵抗を計算の上、オームの法則により回路の電流を計算する）、(4) 電力（交流の消費電力計算など）、(5) 周波数（電源周波数と周期の関係など）、(6) 力率（力率の内容など）。
「電気機械器具の使用方法」：(1) ～ (3) は範囲の示すとおりの内容。(4) 開閉器の取付け及び取扱いの方法（電磁接触器、サーマルリレーの特徴など）(5) 回路遮断器の構造及び取扱い方法（配線用遮断器、漏電遮断器の特徴など）
「電気制御装置の基本回路」：（メーク接点・ブレーク接点の意味、シーケンス制御の意味など）
また、実際にはタイマ、ソリッドステートリレー、防水性能を表す IP コード、エンコーダについても出題がある。

電気回路は学生時代の知識で十分解答可能ではあるが、「電気機械器具の使用方法」や「電気制御装置の基本回路」は実務色が濃い内容であるので、学習が必要である。本書の姉妹編である「機械保全の徹底攻略 機械系・学科」でまず基礎的内容を知り、本書で知識を整理しておこう。

2 電気一般

2-1 電気計算（電気回路・電力）

直流回路

電流 I

直 流
電圧、電流は時間にかかわらず一定

時間 t

名　称	公　式	記号の意味	適　用
オームの法則	$V = I \times R$	V 〔V〕：電圧 I 〔A〕：電流 R 〔Ω〕：抵抗	負荷抵抗 R 電源 V　電流 I
抵抗値	$R = \rho \times \dfrac{L}{A}$	R 〔Ω〕：抵抗 ρ 〔Ω m〕：導体電気抵抗率 L 〔m〕：導体の長さ A 〔m²〕：導体の断面積	
合成抵抗 （直列）	$R_0 = R_1 + R_2 + R_3$	R_0 〔Ω〕：合成抵抗 R_1 〔Ω〕：直列接続抵抗 R_2 〔Ω〕：直列接続抵抗 R_3 〔Ω〕：直列接続抵抗	R_1　R_2　R_3 R_0
合成抵抗 （並列）	$R_0 = \dfrac{1}{\dfrac{1}{R_1} + \dfrac{1}{R_2} + \dfrac{1}{R_3}}$	R_0 〔Ω〕：合成抵抗 R_1 〔Ω〕：並列接続抵抗 R_2 〔Ω〕：並列接続抵抗 R_3 〔Ω〕：並列接続抵抗	R_1 R_2 R_3 R_0
電力	$P = V \times I$ $\quad = I^2 \times R$	P 〔W〕：電力 V 〔V〕：電圧 I 〔A〕：電流 R 〔Ω〕：抵抗	
電力量	$W = P \times t$ $\quad = V \times I \times t$	W 〔Wh〕：電力量 P 〔W〕：電力 V 〔V〕：電圧 I 〔A〕：電流 t 〔h〕：時間	

交流回路

電圧 V　電流 I　　　時間 t

交　流
電圧、電流が時間とともに変化

名　称	公　式	記号の意味	適　用
周波数 周期	$f = \dfrac{1}{T} = \dfrac{\omega}{2\pi}$	f：周波数〔Hz〕 T：周期〔s〕	
実効値	$V_e = \dfrac{1}{\sqrt{2}} V_m$ $I_e = \dfrac{1}{\sqrt{2}} I_m$	V_m：電圧の最大値 I_m：電流の最大値	電圧 V 電流 I 平均値　実行値　最大値 周期 T
平均値	$V_a = \dfrac{2}{\pi} V_m$ $I_a = \dfrac{2}{\pi} I_m$		
力率	$\cos\theta$	θ：位相差 電流と電圧の位置 ズレの大きさ（角 度）	電圧 V　電流 I 位相差 θ
電力	単相交流 $P = V \times I \cos\theta$ 三相交流 $P = \sqrt{3} V \times I \cos\theta$	P〔W〕：電力 V〔V〕：電圧 I〔A〕：電流 $\cos\theta$：力率	単相交流　　三相交流 電圧 V　電流 I 1サイクル　1サイクル
電力量	$W = P \times t$ 　　$= V \times I \times t$	W〔Wh〕：電力量 P〔W〕：電力 V〔V〕：電圧 I〔A〕：電流 t〔h〕：時間	

2-2 電動機の種類と特徴

電動機	種　類	用　途	参　考
交流電動機	同期電動機	速度不変の大容量負荷（コンプレッサー、送風機、圧延機など）	
	かご形三相誘導電動機	ほぼ定速の負荷（ポンプ、ブロワ、工作機械、その他）	2-1
	巻線形三相誘導電動機	大きな始動トルクを必要とする負荷、速度を制御する必要がある負荷（クレーンなど）	
直流電動機	他励電動機分巻電動機	精密で広範囲な速度や張力の制御を必要とする負荷（圧延機など）	
	直巻電動機	大きな始動トルクを必要とする負荷（電車、クレーン）	
	複巻き電動機	大きなトルクを必要とし、かつ速度があまり変化しては困る負荷（切断機、コンベヤ、粉砕機）	

2-1

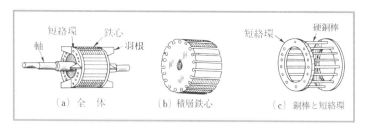

（a）全　体　　　　　（b）積層鉄心　　　　　（c）銅棒と短絡環

回転数	回転数制御	回転方向変更	始動方法
$$N_S = \frac{120f}{P}$$ N_S：同期回転速度〔rpm〕 f：電源周波数〔Hz〕 P：極数 $$N_R = \frac{120f}{P}(1-s)$$ N_R：回転速度〔rpm〕 f：電源周波数〔Hz〕 P：極数 s：すべり (すべり率を使うこともある。たとえば、すべり率2%の場合 $s = 0.02$)	①極数変換 ②周波数制御（インバータ）	3本の電線のうち2本を入れ替え	直入れ始動 減電圧始動 ① スターデルタ始動 ② リアクトル始動 ③ コンドルファ始動
$$N_D = \frac{60aE}{PZ\Phi}$$ N_D：回転速度〔rpm〕 E：逆起電力〔V〕 P：磁極数 Z：電機子総導体数 a：巻線の並列回路数 Φ：1極あたりの磁束〔Wb〕	①界磁制御 ②抵抗制御 ③電圧制御	電気子または界磁の向きを逆にする	直入れ始動 抵抗始動 可変電源始動

2-3 制御機器の種類と制御法

制御機器の種類		特 徴	
遮断器	配線用遮断器	負荷電流の遮断 短絡時の大電流の遮断	
	漏電用遮断器	漏電時に地絡電流を検出して遮断	
サーマルリレー		配線用遮断器とサーマルリレーの組合わせで電動機回路の保護を行う	
ソレノイド	直流ソレノイド	・ロック時にコイルの焼損がない ・電圧が低いと吸引力が不足する	
	交流ソレノイド	・ロックするとコイルが焼損する ・吸引力は電源周波数に反比例する	
ソリッドステートリレー		可動部のない半導体リレー　メンテナンスフリー	
タイマ	オンディレイタイマ	電源を印可したときに計時を開始し、設定時間経過後に出力をオンにする	
	オフディレイタイマ	電源を印可したときに出力がオンになり、電源をオフにしたときに計時を開始し、設定時間経過後に出力をオフにする	
	フリッカタイマ	電源印可中に、出力がオン・オフを繰り返すタイマ	
インバータ		直流を交流に変換する回路またはその回路を持つ装置	2-2

2-2

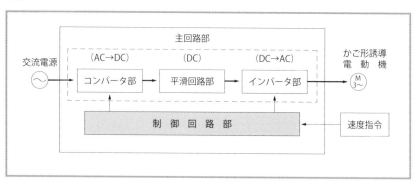

制御法		特　徴	使用例
シーケンス制御		あらかじめ定められた順序または手続きに従って制御の各段階を逐次進めていく制御	電気洗濯機（スイッチを押すと、洗浄、脱水、乾燥などの一連の動作を順次自動で行う）
フィードバック制御		設定値と実際の値を比較して常に両者が一致するように自動的に制御する	エアコン（設定温度(目標値)と実際の室温を比較して差があれば、温度差分を入力値へ反映させる）
インターロック回路		同時に2つの動作をさせないための回路	工作機械（安全カバーが閉まらないと動作できない）
自己保持回路		入力条件がONすると出力がONして、その後に入力条件がOFFしても出力がONし続ける(ONを保持する)回路	ワンマンバスの停車ボタン
リレーの接点	メーク接点（a接点）	リレーのコイルに電流が流れている間だけ、接点が閉じた状態となる	
	ブレーク接点（b接点）	リレーのコイルに電流が流れていない間だけ、接点が閉じた状態となる	

開閉器と遮断器の違い

　機械系の受検者が電気一般の問題で頭を悩ます項目として、開閉器と遮断器がある。両者は似て非なるものであることが、わかりにくい原因である。そこで両者の違いをまとめておこう。

ポイント1　開閉器は制御機器、遮断器は安全機器

　ひと言でいえば、開閉器も遮断器もともにスイッチであるが、前者は通常用、後者が緊急用である。開閉器は通常電流（定格電流）において、操作したいときに手動（ナイフスイッチ）または自動（電磁接触器）で接点を開閉するものである（過電流ではできない）。一方、遮断器は過電流（大電流）が流れたときに自動で接点を開くものである。

ポイント2　開閉器（交流電磁開閉器）は2段構え

　開閉器の代表は、交流電磁開閉器である。交流電磁開閉器は、接点機構と接点を強制的に開かせる機構の組合わせである。前者は、電磁接触器で接続する電子機器の電源をON・OFFする。また後者は、サーマルリレーで異常電流発生を熱で検出して電磁接触器の接点を強制的に開かせる。

ポイント3　配線用遮断器は装置の保護、漏電遮断器は人体の保護

　遮断器には、配線用遮断器（MCCB）と漏電遮断器（ELB）がある。前者は過電流が流れたときに、自動的に電路を遮断し、二次側の電路・装置を守る。後者は過電流に加えて内蔵されている零相変流器で漏電を検知して、自動的に電路を遮断し、感電や火災から守る。

第3章

機械保全法一般

本章は、「細目」に示されている学科試験の択一問題（○か×かの選択）の「機械保全法一般」である。保全に関する出題は当然ながら機械保全技能検定試験中でもっとも重きを置かれており、全択一問題の約半数を占める。

細目の中で実際に出題が多いのは、次のとおりである。
「機械の保全計画」：(1) 保全用語（故障メカニズム、故障率、予知保全など）、
「機械の修理及び改良」：(1) 修理及び改良計画の作成方法（工程表、工事の種類など）
「機械の履歴」：(1) 機械履歴簿の作成方法（設備履歴簿の内容など）、(2) 機械の故障傾向の解析方法（バスタブ曲線、偶発故障期、MTBF、FMEA など）
「機械の点検」：（空気・電気マイクロメータ、温度計など）
「機械の異常時における対応措置の決定」：(1) 異常の原因に応じた対応措置の決定の方法（歯車や軸受の損傷と対策、サージング、腐食、ウォータハンマなど）
「修正の必要性の判定の方法」：（異常振動の絶対判定法など）
「品質管理」：(1) 品質管理用語（パレート図などの図表、抜き取り検査などの検査手法など）、(2) 管理図（管理限界、*X-R* 管理図、*p* 管理図など）

出題範囲は広いようではあるが、似たような問題が繰返し出題されている。○×式の基礎的な知識を問う出題であるので、本書で用語の意味を覚えておくようにしたい。

3 機械保全法一般

3-1 保全活動の種類と特徴

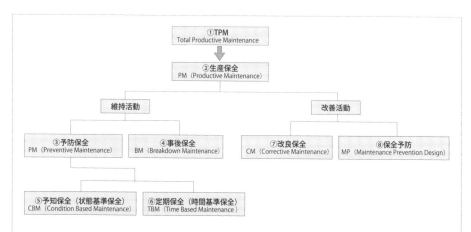

方全方式	内　容		
① TPM	生産システム効率化の極限追求を目標にして、あらゆるロスを未然防止する仕組みを構築し、全部門にわたって全員が参加し、小集団活動によってロス・ゼロを達成する生産保全活動		
②生産保全 PM	生産目的に合致した保全を経営的視点から実施する、設備の性能を最大に発揮させるためのもっとも経済的な保全方式		
③予防保全 PM	故障に至る前に寿命を推定して、故障を未然に防止する方式の保全 定期保全と予知保全に大別される		
	⑤予知保全 （状態基準保全） CBM	設備の劣化傾向を設備診断技術などによって管理し、故障に至る前の最適な時期に最善の対策を行う予防保全の方法	
	⑥定期保全 （時間基準保全） TBM	従来の故障記録、保全記録の評価から周期を決め、周期ごとに行う保全の方式	
④事後保全 BM	設備に故障が発見された段階で、その故障を取り除く方式の保全		
⑦改良保全 CM	故障が起こりにくい設備への改善、または性能向上を目的とした保全活動。目的は、設備の計画、設計・製作から運用・保全を経て廃棄、再利用に至る過程で発生するライフサイクルコストを最小にすることによって経営に貢献すること		
⑧保全予防 MP	設備、部品などについて、計画・設計段階から過去の保全実績または情報を用いて不良や故障に関する事項を予知・予測し、これらを排除するための対策を織り込む活動		

3-2 信頼度と保全度の評価と特徴

用語と計算式	計算式
平均故障率	$\dfrac{\text{期間中の総故障数}}{\text{期間中の総動作時間}}$
設備総合効率	時間稼動率 × 性能稼動率 × 良品率　　時間稼動率：停止ロスの大きさ 性能稼動率：性能ロスの大きさ 良品率：不良ロスの大きさ
平均修復時間 MTTR Mean Time To Restoration（Repair）	 t_a、t_b、t_c、t_d：修復時間 t_1、t_2、t_3、t_4：動作時間 $\dfrac{\text{期間中の修復時間の大きさ}}{\text{期間中の総故障数}} = \dfrac{t_a + t_b + t_c + t_d}{4}$
平均故障間動作時間 MTBF Mean（Operating）Time Between Failures	 t_a、t_b、t_c、t_d：修復時間 t_1、t_2、t_3、t_4：動作時間 $\dfrac{\text{期間中の総動作時間}}{\text{期間中の総故障数}} = \dfrac{t_1 + t_2 + t_3 + t_4}{4}$
平均故障寿命 MTTF Mean（Operating）Time To Failures	 t_1、t_2、t_3、t_4：各部品の寿命 $\dfrac{\text{各部品の寿命時間の合計}}{\text{部品の数}} = \dfrac{t_1 + t_2 + t_3 + t_4}{4}$
固有アベイラビリティ A Availability	$\dfrac{\text{MTBF}}{\text{MTBF} + \text{MTTR}}$

用 語	内 容	例
ライフサイクル LC Life Cycle	設備やシステムの開発から使用、廃棄に至るまでの全期間（生涯） ライフサイクルコスティング（LCCing）：設備の一生涯に関わるすべての費用の合計を最小化しようとする活動	
フェールセーフ	設備やシステムに異常が生じた場合でも、安全側に動作すること	倒れると火が消えるストーブ
フールプルーフ	設備やシステムにおいて、人為的な誤操作があっても故障や危険がないようにすること	フタを閉めないと回転しない洗濯機
トレードオフ	新設備の設計時に信頼性、保全性、安全性、費用などのバランスを最適に図ること	インクカートリッジ交換式プリンタ
機能停止型故障	設備やシステムにおいて全機能が停止する故障	シリンダが動かない
機能低下型故障	設備やシステムにおいて部分的な機能の低下が起こる故障	シリンダ速度が低下

3-3 故障と故障原因の分析

用 語	内 容	例
故障モード		故障状態の形式による分類	断線、短絡、破損、摩耗、特性の劣化など
故障メカニズム		故障発生に至った物理的、化学的、その他の過程	取付け不良→過負荷→軸受破損
故障の木解析 FTA		トップダウン方式で故障の現象から原因へと遡ることで、真の原因を探す方法	3-1
故障モード影響解析 FMEA		ボトムアップ方式で故障の原因から影響を予測して、生じ得る故障ををを探す方法	3-2
二次故障		他の設備の故障によって引き起こされる故障	プレス機械の振動により、隣接設備の位置決め機構にズレが生じる
寿命曲線 バスタブ曲線	初期故障期	設計・製造上の欠点、使用環境の不適合などによって起こる故障期間	3-3
	偶発故障期	初期故障期間後で、摩耗故障期間に至る以前の時期に偶発的に起こる故障期間	
	摩耗故障期	疲労・摩耗・劣化現象などによって時間とともに故障率が大きくなる期間	

3-1

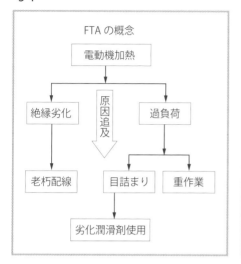

3-2

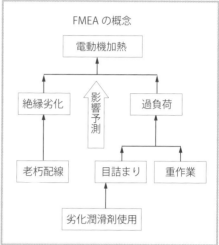

3-3

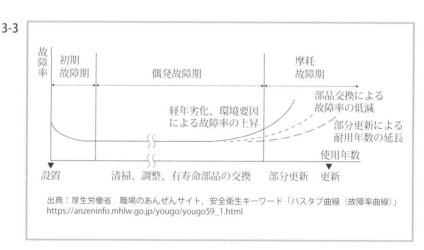

出典：厚生労働省　職場のあんぜんサイト，安全衛生キーワード「バスタブ曲線（故障率曲線）」
https://anzeninfo.mhlw.go.jp/yougo/yougo59_1.html

3-4 品質管理と管理図

用 語	略 語	例
PDCA 管理図	計画―実行―点検―修正のサイクルを表す	
特性要因図	品質結果の要因を体系的に記す	
度数分布（表）	同じ値の出現回数を表にまとめる	
ヒストグラム	度数分布を棒グラフで表す	

PDCA管理図の例:

4 Action	1 Plan
3 Check	2 Do

コントロールが前進する

社内標準化または
データに基づく事実

特性要因図の例:

作業者　設備　原材料（部品）

品質特性

測定方法　作業方法

原因系　　結果系（効果）

度数分布（表）の例:

階級	度数
7.55-7.85	12
7.85-8.15	25
8.15-8.45	45
8.45-8.75	37
8.75-9.05	43
9.05-9.35	12
合計	174

ヒストグラムの例:

$N=200$
ヒストグラム
分布曲線
度数
相対度数(%)
7.10 7.40 7.70 8.00 8.30 8.60 8.90 9.20 9.50 9.80

用　語	内　容	例
正規分布	平均値を中心に左右に標準偏差 σ を振り分ける	 確率密度 0.5 0.4 0.3 0.2 0.1 σ $\mu-3\sigma$ $\mu-1\sigma$ μ $\mu+1\sigma$ $\mu+3\sigma$ $\mu-2\sigma$ $\mu+2\sigma$ 品質特性値
パレート図	数値の多い項目から順に並べた棒グラフと累積数量の折れ線グラフを併用する	 パレート曲線 件　数 a b c d e (%) 100 80 60 40 20 0 30 20 10 0 原因A 原因B 原因C 原因D その他
散布図	対になる1組のデータの分散傾向を見る	 y x （a）xが増加すれば yも増加する（正相関） y x （b）xが増加すれば yは減少する（負相関）

用 語	内 容			
管理図	生産管理において、品質や製造工程が安定な状況で管理されている状態にあるかどうかを判定するために使用するグラフ 品質特性値／見のがせない原因がある→ 上部管理限界線（UCL）／中心線（CL）／下部管理限界線（LCL）／工程は安定している			
	$\overline{X}$-R 管理図	X 管理図（分布の平均値の変化）と R 管理図（分布の幅や郡内のバラつきの変化）を組み合わせた図		
	np 管理図	群の大きさ一定	不適合品数	各群で同じサイズの鉄板が 10 枚で一定のとき各郡の 10 枚中の不適合品数
	p 管理図	群の大きさ変動	不適合品率	各群で同じサイズの鉄板の枚数が異なるとき各群の枚数中の不適合品数
	c 管理図	サイズの大きさ一定	不適合数	各群が同じサイズの鉄板 1 枚であるとき鉄板中のきずの数
	u 管理図	サイズの大きさ変動	単位当たりの不適合数	各群が異なるサイズの鉄板 1 枚であるとき鉄板中の単位面積当たりのきずの数

第4章

材料一般 ＋ 非金属材料

本章は「細目」に示された学科試験のうち「材料一般」と「非金属材料の種類、性質及び用途」及び「金属材料の表面処理」という3つの範囲を1つの章としてまとめたものである。「材料一般」は択一問題（〇か×かの選択）、「非金属材料の種類、性質及び用途」と「金属材料の表面処理」は四者択一問題ではあるが、この3つは本来"機械設備に使われる材料"としてまとめられるものであり、学習上からも材料の種類と特徴、材料の熱処理、材料の表面処理として横断的に覚えた方が理解が深まり、効率もよい。

「細目」の中で実際に出題が多いのは、「材料一般」の金属材料の種類、性質及び用途では（1）炭素鋼（低炭素鋼、中炭素鋼など）、（2）合金鋼（ステンレスなど）、（6）アルミニウム及びアルミニウム合金（ジュラルミンなど）、（7）銅及び銅合金（青銅、黄銅など）であり、金属材料の熱処理では、（1）～（4）（高周波焼き入れ、焼ならし、焼なましなど）である。
「非金属材料の種類、性質及び用途」では、（1）プラスチック（熱可塑性樹脂、熱硬化性樹脂など）、（2）ゴム（ふっ素ゴム、導電性ゴム、ゴムの性質など）、（3）セラミック（セラミックの性質：衝撃強度、耐熱性など）である。「金属材料の表面処理」では、（1）表面硬化法（窒化、浸炭など）、（2）金属被膜法（溶射など）、（3）電気めっき（亜鉛めっき、工業クロムめっきの厚さ、水素脆化など）（5）ライニング（ゴムライニングの特徴など）となっている。

本章での学習のポイントは紛らわしい用語（黄銅と青銅、焼ならしと焼なまし、浸炭と窒化など）が多かったり、同じ耐熱樹脂でも熱可塑性樹脂（フッ素樹脂など）と熱硬化性樹脂（シリコーン樹脂など）の区別があったりするので惑わされないように常に意識をしておくことである。

4 材料一般 ＋ 非金属材料

4-1 金属材料の種類と特徴

鉄系金属（炭素鋼）		
金属名称	合金内容	成　分
炭素鋼	純鉄＋炭素	C 0.03 ～ 2.1%
鋳　鋼	純鉄＋炭素	C 0.02 ～ 2.1%
鋳　鉄	純鉄＋炭素	C 2.1 ～ 4.3%
合金鋼　ステンレス鋼	炭素鋼＋クロムやニッケル	Cr 18%、Ni 8%
		Cr 12 ～ 14%
		Cr 16 ～ 18%

非鉄金属			
金属名称		合金元素量	成　分
銅合金	黄　銅 （真ちゅう）	銅＋亜鉛	Cu70%、 Zn30%
			Cu60%、 Zn40%
	青　銅 （砲金）	銅＋すず	Sn30%以下
アルミニウム 合金	アルミニウム合金	アルミニウム＋マグネシウム＋シリコン	Mg0.45 ～ 0.9% Si0.2 ～ 0.6%
	ジュラルミン	アルミニウム＋銅＋マグネシウム	Cu3.5 ～ 4.5 Mg0.2 ～ 0.8

鉄系金属（炭素鋼）			
代表種	JIS 記号	特　徴	用　途
一般構造用圧延鋼材	SS400	溶接に適する、熱処理は不適	建築構造物
機械構造用炭素鋼鋼材	S45C	溶接は不適、熱処理に適する	歯車や軸
炭素鋼鋳鋼品	SC360	炭素鋼からつくられる 強靭性がある	エンジン部品
ねずみ鋳鉄	FC100	圧縮強さが引張強さの３〜４倍 振動吸収能力がある	工作機械のベッド
オーステナイト系 ステンレス鋼	SUS304	（非磁性）高強度 耐食性良好	化学タンク
マルテンサイト系 ステンレス鋼	SUS403	（磁性あり）高強度 耐食・耐熱性	タービンブレード
フェライト系ステン レス鋼	SUS430	（磁性あり）安価で耐食性 加工性が良い	家庭用電化製品

非鉄金属			
代表種	JIS 記号	特　徴	用　途
七三黄銅 （真ちゅう）	C2680	冷間加工性に富む 圧延加工材	端子コネクター や配線器具
六四黄銅 （真ちゅう）	C2801	展延性に富む鍛造品、熱間圧延材	熱交換器
りん青銅	C5191	強く、鋳造しやすく、耐食性・耐摩耗 性に優れる	歯車
アルミニウム合金	A6063	実用金属中もっとも軽い	建築用サッシ
ジュラルミン	A2017	軽量でありながら、優れた強度と切削 加工性	航空機

4-2 非金属材料の種類と特徴

非金属材料		
分 類	非金属名称	特 徴
プラスチック	軽量、電気絶縁性、耐水性、成型性が良好、高温使用不可、熱膨張しやすい	
	熱可塑性プラスチック	加熱で溶解し、冷却で固まる
	熱硬化性プラスチック	加熱で硬化し、再加熱しても溶解しない
ゴ ム	変形が頻繁に繰り返されると、発熱によりゴムの温度が上昇する。ゴムの電気絶縁特性は、温度や吸水量などの影響を受ける	
	天然ゴム	強度・電気絶縁性が良好、耐熱性、耐油性、耐オゾン性に劣る
	合成ゴム	一般的に耐熱性、耐油性、耐摩耗性に優れるが品種により優劣がある
セラミックス	高温使用、電気絶縁性良好	
	セラミックス	天然の鉱物を混合し、成形、焼成する
	ファインセラミックス	化学的プロセスにより合成した化合物などを混合し、成形、焼成する

プラスチック			
分類	代表種	JIS 記号	用途
熱可塑性プラスチック	塩化ビニール樹脂	PVC	パイプ
	メタクリル樹脂	PMMA	風防ガラス代用
	ポリエチレン樹脂	PE	フィルム，袋
	ふっ素樹脂	PTFE	耐熱コーティング
熱硬化性プラスチック	フェノール樹脂	PF	プリント配線基板
	ポリウレタン	PUR	スポンジ
	シリコーン樹脂	SI	耐寒，耐熱グリース
	エポキシ樹脂	EP	接着剤、塗料

ゴ ム			
	代表種	JIS 記号	主な用途
天然ゴム	軟質ゴム	NR	輪ゴム
	硬質ゴム		電気絶縁材
合成ゴム	ニトリルゴム	NBR	パッキン
	フッ素ゴム	FKM	耐油ホース
	クロロプレンゴム	CR	伝動ベルト
	シリコーンゴム	Q	耐熱・耐寒部品

セラミックス			
	代表種	JIS 記号	用途
セラミックス	陶磁器		碍子
ファインセラミックス	アルミナ	Al_2O_3	研削盤の砥石
	ジルコニア	ZrO_2	工作機械用工具

4-3 熱処理の種類と特徴

熱処理		
名 称	目 的	方 法
金属の熱処理は、加熱温度や冷却速度などを調節することにより、性質を改良する加工方法である		
焼入れ	硬くする（脆いが硬くする）	高温 800℃で加熱 水や油中で急冷
焼戻し	粘り強さを増す（しなやかにする）	700℃以下で加熱 ゆっくり冷却（空冷）
焼ならし	組織粒を揃える（ほぐす）	800~900℃で加熱 ゆっくり冷却（空冷）
焼なまし	残留応力の除去（ひずみを取る）	550~650℃で加熱 ごくゆっくり冷却（炉冷）

熱処理により生じる欠陥	
名　称	内　容
熱処理では、加熱・冷却による膨張・収縮の程度が、形状・組織・質量・表面などの影響を受けることから、変形・変寸・割れなどの欠陥を生じることがある	
変形・辺寸	冷却のムラによって、早く冷えた側が凸、遅く冷えた側が凹になる傾向がある
焼割れ	急冷により縮まってきた鋼が膨張に逆転するときの体積変化で割れる。とくに角部や隅部は割れやすい
低温焼戻し脆性	工具用など硬さが必要な場合、炭素鋼を低温（200 ～ 400℃）で焼き戻しを行うが、この際に衝撃値が著しく下がる
高温焼戻し脆性	機械部品など粘り強さが必要な場合、炭素鋼を高温（450 ～ 550℃）で焼戻しを行うが、この際に衝撃値が著しく下がる

4-4　表面硬化、表面処理の種類と特徴

表面硬化		
名　称	目　的	方　法
金属の表面硬化は，鋼材の内部の柔らかさを保ったまま表面のみ硬化させる加工方法である		
窒　化	表面層を硬化する（内部は柔らかい）	加熱した鋼材の表面から窒素原子を拡散浸透させる、深さ 0.1 ～ 0.6mm
浸　炭	表面層を硬化する（内部は柔らかい）	浸炭剤中で加熱 深さ 0.5 ～ 1.5mm
高周波焼き入れ	表面層を硬化する（内部は柔らかい）	高周波電流を流すコイルで鋼材の表面を加熱冷却深さ 1.0 ～ 2.0mm
硬質クロムめっき	表面に硬化層を被膜する	電気めっきの中ではもっとも硬い 皮膜厚さ 0.002 ～ 0.5

表面処理（被膜、改質など）		
名　称	目　的	方　法
電気めっき	クロムめっき	めっき厚さ　装飾用：0.032 〜 0.050mm 硬質クロムめっき：0.002 〜 0.5mm 以上
	すずめっき	変色しにくく、衛生上無害 缶詰用
	亜鉛めっき	安価で防錆性に優れる 亜鉛めっき鋼板
ニッケルめっき		装飾用、耐食用、クロムめっきの下地めっき
銅めっき		クロムめっきやニッケルめっきの下地めっき
溶融めっき		亜鉛、すず、アルミニウムなどの低融点の溶融池に金属を漬けて表面に被膜する
無電解ニッケルめっき		電解によらず、被めっき材を液に含侵することで表面にニッケル被膜を析出させる 非金属にも適用できる
塗　装		防錆、防熱、絶縁、美観のために表層に塗料の被膜をつくる 塗装厚み　一般機械：30 〜 50 μ m、プラント：80 〜 150 μ m
ショットピーニング		粒径 0.4 〜 1.2mm の硬球を金属表面に吹き付け、硬さや疲れ強さを増す加工法
ショットブラスト		粒径 0.4 〜 1.5mm の硬球を金属表面に吹き付け, 衝撃と研削作用によって錆をとる加工法
溶　射		金属や非金属を加熱して細かい溶滴状にし、被加工物（金属、非金属）の表面に吹き付けて密着させる方法 耐食性や耐摩耗性の付与、肉盛りに使われる

焼きなましと焼きならし

　熱処理において、焼入れ・焼戻しは広く理解されているが、「焼きなまし」と「焼きならし」の相違については、用語が紛らわしいうえに内容を把握しにくく、迷うことも多い。そこで両者の違いをまとめておこう。

　ごく大雑把にいえば、「焼きなまし」も「焼きならし」も、組織を均一化して機械的性質を向上させることが目的ではあるが、以下の違いがある。

ポイント1　決定的な違いは冷却速度

　焼きなましも焼きならしも過熱（500～1300℃）した後に冷却するが、「焼きなまし」は炉の中で極ゆっくりと冷やし、「焼きならし」は空中で「焼きなまし」よりも早く冷やす。「焼きならし」は炉冷よりも冷却速度を早めることで、オーステナイトからパーライト析出を早め、微細なパーライト組織とするためである。

ポイント2　焼きなましは事前処理、焼きならしは事後処理

　「焼きなまし」は、切削、鍛造、プレスなどの加工をしやすくするために、事前に鋼材を軟らかくして組織を均一化する。「焼きならし」は、鋳造、鍛造、圧延などの加工後に生じたひずみによる機械的性質の低下を改善するために組織を均一化する。

ポイント3　焼きなまし法は多種類、焼きならし法は1つ

　「焼きなまし」は、目的に応じて複数の熱処理法〔完全焼きなまし（組織の均一化）、等温焼きなまし（切削性の向上）、応力除去焼きなまし（残留応力の除去）、球状化焼きなまし（加工性の向上）、拡散焼きなまし（不純物の拡散）〕がある。一方、焼きならしは1通り（組織の微細化）である。

第 5 章

安全衛生

本章は、「細目」に示されている学科試験の択一問題（○か×かの選択）の「安全衛生」である。

「細目」の中で実際に出題されているのは、次のとおりである。
「機械保全作業に伴う安全衛生」：(1) 機械、工具、原材料等の危険性又は有害性及びこれらの取扱い方法（フェールセーフ設計、フールプルーフ、火災及び消火器の種類など）、(2) 安全装置、有害物抑制装置又は保護具の性能及び取扱い方法（墜落制止用器具、保護マスク、保護帽など）、(5) 機械保全作業に関して発生するおそれのある疾病の原因及び予防（酸欠の定義など）、(6) 整理整頓及び清潔の保持（5S など）、(8) その他の機械保全作業に関する安全及び衛生のために必要な事項（KYT の内容、度数率、強度率など）。
「労働安全衛生法関係法令のうち、機械保全作業に関する部分について」：（プレスの台数と資格者、研削盤作業の試運転時間、ワイヤーロープの損傷限界、高所作業での墜落制止用器具の使用、危険個所への柵や覆いなど）

本章は出題範囲が広く、マトが絞り切れないと感じるかもしれないが、公表された過去問や本書の姉妹編である「機械保全の過去問 500 ＋チャレンジ 100」を調べれば、出題傾向や頻出問題について容易に把握できる。また、本章は受検のためだけでなく、自分や同僚を災害から守るために知っておくべき必須の内容でもあるので、改めて社会人としての意識持って学習しよう。

5 安全衛生

5-1 安全・衛生管理

労働安全衛生法、PRTR 制度	
用 語	意 味
労働安全衛生法	「職場における労働者の安全と健康を確保」するとともに、「快適な職場環境を形成する」目的で制定された法律
労働災害	労働者の就業にかかわる建設物、設備、原材料、ガス、蒸気、粉じんなどにより、または作業行動その他業務に起因して、労働者が負傷し、疾病にかかり、または死亡すること
安全衛生管理体制	各事業場の業種、規模などに応じて、総括安全衛生管理者、安全管理者、衛生管理者および産業医の選任を義務づけている
安全管理者	建設業や製造業などで労働者が常時 50 人以上の事業所では、安全管理者を選任しなければならない
労働者の健康管理	労働安全衛生法に、①健康診断、②ストレスチェック、③病者の就業禁止、④体育活動などが規定されている
SDS (Safety Data Sheet：安全データシート)	化学物質を譲渡または提供する際に、その化学物質の性質や危険性・有害性および取扱いに関する情報を、相手方に提供するための文書

安全統計	
用 語	意 味
度数率	$\dfrac{労働災害による死傷者数}{延べ実労働時間数} \times 1000000$
強度率	$\dfrac{延べ労働損失日数}{延べ実労働時間数} \times 1000$
年千人率	$\dfrac{年間死亡者数}{年間平均労働者数} \times 1000$

保護具	
用　語	意　味
墜落制止用器具	従来の安全帯は墜落制止用器具に変わった。6.75m を超える高さで使用する 墜落制止用器具はフルハーネス型が原則
保護帽	① 飛来・落下用 ② 墜落時保護用 の 2 種類 それぞれの保護帽には電気用を兼用するものがある
保護眼鏡	遮光：紫外線や赤外線、レーザ、アーク　防塵：粉じんや薬液の飛沫
防塵マスク	タオルなどを当てた上からの防じんマスクの使用禁止：粉じんなどが面体の接顔部から面体内へ漏れ込む

5-2　安全衛生活動・作業上の安全確保

安全衛生活動	
用　語	意　味
KYT	危険予知訓練　危険のポイントや重点実施項目を小集団で話し合い、指差唱和・指差呼称で確認する訓練
ヒヤリハット	仕事中に危ないと感じたものの、災害や事故に至らなかった事象のこと　重大な労働災害の原因になりえる
酸欠防止	酸素欠乏とは空気中の酸素濃度が 18%未満である状態。酸素の濃度の測定では、測定日時や方法などの 7 つの事項を記録し、これを 3 年間保存

防災活動	
用　語	意　味
A 火災	普通可燃物（木材、紙、繊維など）による火災
B 火災	油（石油類、可燃性液体など）による火災
電気火災（俗称 C 火災）	電気設備（電線、コンセント電化製品など）による火災
消火器	火災の種類による円形標識の以下の色で識別する ①A 火災用は白色 ②B 火災用は黄色 ③電気火災用は青色

作業上の安全確保	
用　語	意　味
プレス作業	プレス機械を 5 台以上有する場合はプレス機械作業主任者を選任する必要がある
ボール盤作業	作業時における手袋は使用禁止
研削作業	(1) 側面の使用禁止 (2) 最高使用周速度を超えての使用禁止 (3) 試運転 ①1 分以上の試運転（作業前） ②3 分以上の試運転（砥石交換時）
玉掛け作業	(1) 吊り荷物角度は 60° 以内 (2) 以下のワイヤーロープは使用禁止 ①1 撚りの間において、素線数の 10% 以上を切断したもの ②直径の減少が公称径の 7% を超えるもの ③著しく型崩れ、腐食したもの
高所作業	高さが 2m 以上の作業床では囲い、手すり、覆いなどを設ける。それが困難な場合、防網を張り、作業内容、作業個所の高さなどに応じた性能を有する要求性能墜落制止用器具を使用する
危険な個所に対する作業	以下には囲いや覆いの設置 ①回転軸、歯車、ベルトなどの危険な部分 ②頭上にプーリ間 3m 以上、幅 15cm 以上、速度 10m/s 以上のベルトの下
屋内作業	(1) 機械間の通路：80cm 以上 (2) 頭上障害禁止：床上 1.8m 以内 (3) 足場幅：40cm 以上 (4) はしご設置：1.5m 以上

機械の主要構成要素の種類、形状および用途

本章は、「細目」に示されている学科試験の4択問題の「機械の主要構成要素の種類、形状及び用途」である。実技試験にも出題される項目である。「細目」の中で実際に出題が多いのは次のとおりである。

(1) ねじ用語（ピッチとリードの関係、呼びと有効径の違い、ねじの効率など）、(2) ねじの種類、形状及び用途（三角ねじ、角ねじ、ボールねじなど）、(3) ボルト、ナット、座金などのねじ部品の種類、形状および用途（植え込みボルト、座金の種類など）、(4) 歯車用語（モジュール、円ピッチ、バックラッシなど）、(5) 歯車の形状及び用途（平行軸と平行でない軸の歯車、歯車の騒音、はすば歯車のスラスト力など）(6) その他の機械要素（キー・ピン、ころがり軸受、軸継手、Vベルト・チェーン、歯車装置、密封装置、弁（実技試験）など）がよく出題される。

本章については機械要素に関する項目であり、機械系の保全者としては知っておくべき内容であるので、名称・外観・特徴・使い方について確実に把握しておきたい。とくに、ねじと歯車については有効径やモジュールのような形状に関する用語の理解が必要である。用語には有効径と呼び径、ピッチと円ピッチなど似ていてまぎらわしいものが多いので注意が必要である。また、ピッチ・リード・条数との関係は式で覚えておく。ころがり軸受は荷重の付加能力やころ軸受やスラスト軸受などの構造上の特徴に注意しておこう。歯車に関してはモジュールと歯数・基準円直径の関係、モジュールと歯末のたけの関係を公式として把握しておきたい。歯たけと歯数公式がいくつかあるので、計算できるようにしておきたい。

なお、ころがり軸受、歯車、密封装置（シールやパッキン）、弁（玉形弁など）は実技試験にも毎年出題されるので、本書で知識を確実にしておくことが大切である。

6-1-1 ねじ部品の種類と特徴

ねじ用語		
用　語	意　味	
リード	ねじが1回転して進む距離	
ピッチ	隣り合うねじ山同士の距離	
条　数	条数：つる巻き線の数 リード＝ピッチ×条数の関係がある。	
おねじ	ねじ山が円筒の外面にあるねじ	
めねじ	ねじ山が円筒の内面にあるねじ	
呼び径	おねじの外径寸法。直径10mmではM10と表す	
有効径	ねじの山と溝の幅が等しくなるような仮想円筒の直径	

ねじの種類と特徴		
用　語	特　徴	形　状
並目ねじ	もっとも普通に使用されているねじ	
細目ねじ	呼び径は同じでもピッチが小さい（ねじ山が小さい）ねじ	
三角ねじ	もっとも一般的 ねじ山：頂角 60° の正三角形 摩擦が大：締付けに最適	
台形ねじ	ねじ山：頂角 30° の台形 摩擦は三角ねじより小 マシンバイス移動用	 29度台形ねじ　　30度台形ねじ （ウイットねじ系）（メートルねじ系）
角ねじ	ねじ山：四角形 有効径が存在しない 摩擦が最小 工作機械の精密送り用	
管用ねじ	ねじ山：円弧状 配管の外側に付けられるねじ サイズはインチ系 ・テーパおねじ（R） ・テーパめねじ（Rc） ・平行めねじ（Rp） ・管用平行ねじ（G）	 (a) 平行ねじ　　(b) テーパねじ (テーパ$\frac{1}{16}$)

ねじ部品の種類と特徴		
用　語	特　徴	
六角ボルト	通しボルト（締め付ける2部品と六角ナットを入れて締結）用	
植込みボルト	両端にねじが切ってある	
基礎ボルト	コンクリートなどの基礎に埋め込んで使う	L形　J形　LA形　JA形
アイボルト	ロープを輪にかけて、吊上げなどに用いる	
Tみぞボルト	Tみぞにはめて移動し、任意の位置で締付を行う	
リーマボルト	リーマ穴にしっくりはめて、センターずれを防止する	リーマボルト径は、ねじ外径(d)よりも1～2mm太い
ボールねじ	摩擦係数が非常に小さい精密・高速移動用テーブルに使う	ブラシシール　樹脂　ボールチューブ／ねじ軸／ボール　ナット

6-1-2 歯車の種類と記号・特徴

歯車用語		
用　語	意　味	
インボリュート歯形	基礎円に巻きつけた糸を引きほどくとき、糸の先端が描く曲線を使った歯形 中心距離誤差のバラツキが、回転精度、噛合いに影響しない	
モジュール（m）	①モジュール m＝基準円直径 d÷歯数 Z ②モジュール m＝歯末のたけ	
歯たけ	歯末のたけ＝モジュール m 歯元のたけ≧1.25 m 全歯たけ＝歯末のたけ＋歯元のたけ≧2.25m	
基準円直径	歯車の代表的な直径（ピッチ点を結んだ円の直径）	
バックラッシ	円滑な回転のために設けた歯面間のあそび	
クラウニング	歯あたりを良くするためにつけた歯すじ方向のふくらみ	 クラウニング
アンダーカット（切下げ）	歯数が少ないとき，歯切工具が歯元をえぐり取ること	

2 軸が平行な歯車			
名 称	特 徴		用途例
平歯車	汎用的・製作が簡単 騒音発生		一般的な動力伝達用
はすば歯車	騒音少ない スラスト力発生		自動車や減速機
やまば歯車	強度大 スラスト力なし		大動力の製鉄用圧延機、大型減速機
内歯車	減速比大 内歯車と小歯車は同方向回転		遊星歯車減速機
ラック＆ピニオン	歯切りした棒と小径歯車の組み合わせ 回転⇔直線運動の変換ができる		自動車のステアリング機構

2軸が交差した歯車（はすば歯車）			
名　称	特　徴		用途例
すぐばかさ歯車	はすじが円錐の頂点に向かって真っすぐ伝動力小		工作機械、差動装置
はすばかさ歯車	中強度、やや騒音少ない		大型減速機
まがりばかさ歯車	大強度、減速比大、騒音少ない軸方向力が発生		高速・高回転の自動車の減速機工作機械

2軸が食い違っている歯車			
名　称	特　徴		用途例
ねじ歯車	効率良好小動力伝動用		複雑な回転をする自転機械
ハイポイドギヤ	騒音が少ない		車の床面を低くするための自動車の最終減速機
ウォーム＆ウォームホイール	大減速比逆転防止機能あり		ウインチ、チェーンブロック

69

6-1-3 歯車の損傷と対策

			歯車の損傷と対策		
	写 真	名 称	損傷状態	原 因	対 策
摩耗	6-1-1 6-1-2	アブレシブ摩耗	粒子による細かいきず、歯面の削取り摩耗（人に例えると、靴に砂が入った状態）	① 硬い粒子や歯面突起が歯面を削る ② 歯車の摩耗や外部からのダスト侵入	① 異物侵入防止 ② 歯面硬度改善 ③ 油の清浄化
		スクラッチング	アブレシブ摩耗より、大きな異物のかみ込みによる深いきず		
塑性流れ	6-1-3	バリ	歯先などに塑性変形した材料がはみ出した状態	① 歯面の硬度不足 ② 焼入れ不足 ③ 過大荷重、潤滑油不適当	① 焼入れ ② 荷重の低減粘度の高い潤滑油の使用
	6-1-4	ローリング	歯面で材料が流動し、ピッチ線付近にへこんだ筋や隆起を生じる（材料の流動）	歯面全体に過大荷重がかかり材料が降伏し、すべり作用が起こる	① 運転荷重の低減 ② 歯車強度改善
	6-1-5 6-1-6	リップリング	① 浸炭焼入れした歯車に多く見られる ② 歯面接触線方向に、波形あるいはウロコ状の模様が見える	① 過大負荷や振動 ② 潤滑不適当 ③ 材料、熱処理の欠陥	① 運転荷重の低減 ② 潤滑条件の改善 ③ 材料、熱処理の改善

摩耗 （6-1-1 ～ 2）

6-1-1

6-1-2

出典：『歯車損傷図鑑』（写真左）、『歯車強さの設計資料』（日本機械学会）

塑性流れ （6-1-3 ～ 6）

6-1-3

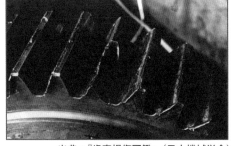

6-1-4

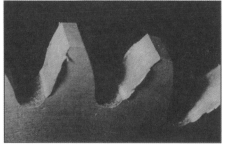

出典：『歯車損傷図鑑』（日本機械学会）　　出典：『損傷と対策写真集』（JIPM）

6-1-5

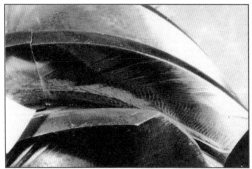

6-1-6

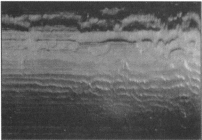

出典：『損傷と対策写真集』（JIPM）

	写　真	名　称	損傷状態	原　因	対　策
表面疲労	6-1-7	初期ピッチング	① 歯面上にピットが生じる	① 歯面の微細突起部分に応力集中して発生する小穴 ② 歯面の疲れ損傷	① 適正潤滑油を適量給油 ② 歯当たり改善 ③ 歯面をなじませる（歯当たり面が安定すると進行しない）
表面疲労	6-1-8 6-1-9	スポーリング（軸受では、フレーキングといわれている）	① 表面下が疲労し、金属片がかなり大きく剥離・脱落する ② 歯面が負荷に耐えることができなくなり、局部的に歯形が崩れる（人に例えると、靴の中に大きな石が入った状態）	① 歯車材質の不良、強度不足 ② 強い片あたり ③ 衝撃高荷重	① 歯車材質、熱処理の改善（均一熱処理） ② 片当たり改善（潤滑剤では防止できない）
熱的影響	6-1-10 6-1-11	スコーリング	① 油膜破断による金属接触面の局部溶着 ② 歯たけ方向の引っかききず（人に例えると、底ずれ）	① 潤滑油の不適または不足 ② 歯当たり不良	① 潤滑油の見直し（粘度を上げる）、給油量の増加 ② 歯当たり修正
かみ込みきず	6-1-12	かみ込みきず	異物が比較的小さい場合は、「圧痕」が付く程度であるが、大きくなるにつれて、「圧痕」の周りに亀裂が生じたり、歯の一部が塑性変形する	歯面の間に、硬い異物をかみ込んで起こる	① 歯車装置内部の清浄化 ② 給油配管フラッシング

表面疲労（6-1-7 〜 9）

6-1-7

6-1-8

6-1-9

出典：『歯車損傷図鑑』（日本機械学会）

熱的影響（6-1-10 〜 11）

6-1-10

6-1-11

出典：『歯車強さの設計資料』（日本機械学会）

かみ込みきず（6-1-12）

6-1-12

出典：
『歯車損傷図鑑』（日本機械学会）

6-1-4 軸受の種類と記号・特徴

ラジアル荷重用					
名 称		形 状	簡略図示	特 徴	使い方
玉軸受	単列深溝玉軸受			負荷能力：ラジアル荷重、ある程度のスラスト荷重（両方向） 特徴：潤滑剤密封タイプ（シール、シールド）がある	6-1-13
	単列アンギュラ玉軸受			負荷能力：ラジアル荷重、スラスト荷重（片方向）特徴：2個組み合わせて使用する	6-1-14
	自動調心玉軸受			負荷能力：ラジアル荷重、ある程度のスラスト荷重（両方向） 特徴：内輪が傾き、軸心の狂いに対応できる	6-1-15
ころ軸受	内輪分離複列円すいころ軸受			負荷能力：ラジアル荷重、スラスト荷重（片方向） 特徴：内輪が分離できる	
	円筒ころ軸受	NU210 N210		負荷能力：ラジアル荷重のみ（玉軸受より負荷能力が大）。特徴：内輪と外輪が分離できるタイプがある	
	針状ころ軸受	NA4910 RNA4910		負荷能力：ラジアル荷重のみ（玉軸受より負荷能力が大） 特徴：外輪径が小さく省スペース用	
	円すいころ軸受			負荷能力：ラジアル荷重、一方向のスラスト荷重 特徴：2個を対向するか複列で使用	6-1-16

スラスト荷重専用					
	名　称	形　状	簡略図示	特　徴	使い方
玉軸受	スラスト玉軸受 （単式平面座形）			負荷能力：アキシャル荷重 のみ 特徴：軌道輪と玉が分離で きる	6-1-17
	スラスト玉軸受 （複式平面座形）			負荷能力：アキシャル荷重 のみ 単式平面座形より負荷能力 が大 特徴：軌道輪と玉が分離で きる	
ころ 軸受	スラスト 円筒ころ軸受			負荷能力：アキシャル荷重 のみ（玉軸受より負荷能力 が大） 特徴：軌道輪と玉が分離で きる 単式と複式がある	6-1-18

6-1-13

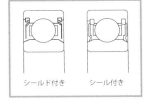

シールド付き　　シール付き

6-1-14

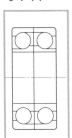

6-1-15

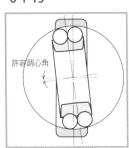

許容調心角

6-1-16

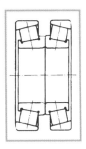

6-1-17

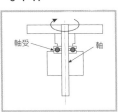

軸受　　　軸

6-1-18

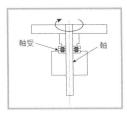

軸受　　　軸

6-1-5 軸受の損傷と対策

			軸受の損傷と対策		
	写　真	名　称	損傷状態	原　因	対　策
か じ り	6-1-19 6-1-20 6-1-21 6-1-22	スミアリング、かじり	軌道面、転動面の荒れ・かじり・微小な溶着	① 潤滑油膜の強度不足 ② 転動体のすべり	① 潤滑剤、潤滑方法の検討 ② ・極圧剤の見直し ・予圧をかけるなど軸受すきまを小さくする
圧 こ ん	6-1-23 6-1-24	圧こん	圧こん、打こん	① 異物のかみ合い ② 取付け時の衝撃	① 潤滑剤中の固形物の除去 ② 取付け時に過大な衝撃荷重を加えない
異 常 摩 耗	6-1-25	フォールスブリネリング	軌道面に転動体ピッチ間隔の摩耗	① 軸受停止中の振動、揺動 ② 軸方向の微小すべり	① 予圧をかけて振動を低減する ② 軸とハウジングとを固定する
	6-1-26 6-1-27	フレッティング摩耗（フレッチング）	はめ合い面に赤錆（ココア）色の摩耗粉	① はめ合い面の微小すきま間のすべり摩耗 ② 微動振幅による摩耗	① はめ合いを修正する（締めしろを大きくする） ② ・予圧をかける ・油を塗る
	6-1-28 6-1-29	摩耗	① すべり摩擦面に生じた摩耗（つば面ところ端面など） ② 軌道面や転動面に生じた摩耗	① 潤滑剤の不適、不足 ② ・異物の混入 ・潤滑剤の不適、不足	① 潤滑方法、潤滑剤の見直し ② ・密封装置の改善 ・軸受周りの入念な洗浄
	6-1-30 6-1-31	クリープ	はめ合い面のかじり摩耗	① 締めしろ不足 ② スリーブの締付け不足	① ・締めしろの適正化 ・適正締付け量の確保 ② スリーブの締付けの適正化

	写 真	名 称	損傷状態	原 因	対 策
焼付き	6-1-32 6-1-33	焼付き	発熱し、変色、さらに焼付き、回転不良	① すき間過小 ② 潤滑不良 ③ 取付け不良	① すき間の見直し ② 適正潤滑剤の適量供給 ③ 取付け法、取付け関連部品の見直し
腐食	6-1-34 6-1-35 6-1-36 6-1-37	電食	軌道面に洗濯板状（すだれ模様）の凸凹	通電によるスパーク	① 通電を避けるため、バイパス回路・アースの設置 ② 軸受を絶縁する
腐食	6-1-38 6-1-39	錆	① 軸受内部、はめ合い面などの錆や腐食 ② 軌道面に転動体ピッチで生じた腐食	①・空気中の水分の結露 ・腐食性物質の侵入 ② 腐食性物質の侵入	①・高温多湿では保管注意 ・錆止め ②・密封装置の改善 ・潤滑剤の定期点検
フレーキング	6-1-40 6-1-41	フレーキング	軌道面や転動体に生じたウロコ状のはがれ	① 過大荷重 ② 潤滑油の不足・不適による材料の疲れ（疲労）	① 荷重の低減 ② 軸受や潤滑油の選定し直し
テンパーカラー	6-1-42 6-1-43	テンパーカラー	発熱による変色	① 軸受内部のすきまの過小 ② 潤滑剤の不適、不足、劣化、変質	① 適正な軸受内部すきまの選定 ② 潤滑方法、潤滑剤の見直し

6－1　機械の主要構成要素

かじり（6-1-19 〜 22）

6-1-19

6-1-20

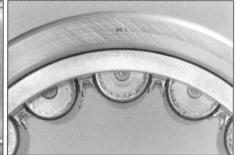

6-1-21

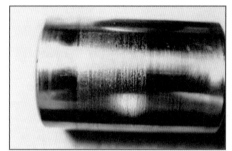

6-1-22

圧こん（6-1-23 〜 24）

6-1-23

6-1-24

写真提供：日本精工株式会社（左右とも）

6-1-25

6-1-26

6-1-27

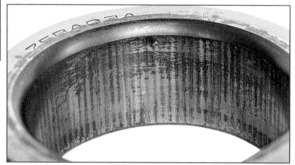

写真提供：日本精工株式会社（上下とも）

6-1-28

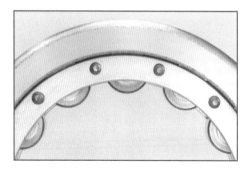

6-1-29

6―1 機械の主要構成要素

79

異常摩耗（6-1-25 ～ 31）

6-1-30

6-1-31

写真提供：日本精工株式会社（左右とも）

焼付き（6-1-23 ～ 33）

6-1-32

6-1-33

電食（6-1-34 ～ 37）

6-1-34

6-1-36

6-1-37（拡大図）

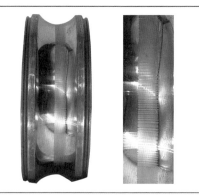

6-1-35

写真提供：
日本精工株式会社（上下）
福田交易株式会社（右）

錆（6-1-38 ～ 39）

6-1-38

6-1-39

写真提供：日本精工株式会社（左右とも）

フレーキング（6-1-40 ～ 41）

6-1-40

6-1-41

写真提供：日本精工株式会社（左右とも）

テンパーカラー（6-1-42 ～ 43）

6-1-42

6-1-43

写真提供：日本精工株式会社（左右とも）

6-1-6 密封装置の種類と特徴

密封装置の用語	
用　語	内　容
密封装置	流体の漏れまたは外部からの異物の侵入を防止するために用いられる装置の総称
シール	流体の漏れまたは外部からの異物の侵入を防止する機能または部品。密封部品
パッキン	回転運動、往復運動などの運動部に用いるシールの総称。運動用シールともいう
ガスケット	フランジ継手などの静止部分に用いるシールの総称。固定用シールともいう
リップ	シール断面がV形や人（ヒト）形の開いた両端の先端を弾力で押し付けることで密封する。この先端部分をリップ（唇）という

作動油とシール材料の適合性				
作動油の種類 シール材料	ニトリルゴム	ウレタンゴム	ふっ素ゴム	四ふっ化 エチレン樹脂
鉱物性作動油	○	○	○	○
水・グリコール系作動油	○	×	△	○
W/O エマルジョン作動油	○	△	△	○
O/W エマルジョン作動油	○	△	△	○
リン酸エステル系作動油	×	×	○	○
脂肪酸エステル系作動油	○	△	○	○
HWBF（高含水作動油）	○	×	△	○

○は使用可、×は使用不可、△はシールメーカーと相談することが望ましい

固定面用シール			
種　類		特　徴	用　途
ガスケット （リング形）	 〈リング形〉	① 非金属ガスケット、セミメタリックガスケット、金属ガスケットがある ② 静止用シールとも言う	① 固定用 ② リング形ガスケットは、面圧が高く、シール性が良い
ガスケット （フルフェイス形）	 〈フルフェース形〉		① 固定用 ② フルフェイス形ガスケットは、片締めになりにくい

摺動面用シール

種　類			特　徴	用　途
メカニカルシール（バランス形）		6-1-44 6-1-45 6-1-46	① 高圧用 ② 摺動材料の摩耗が少なく寿命が長い。	① 回転運動用 ② 軸封部からの漏れが少ない ③ 連続回転使用が可能である ④ 高温・高圧・高速・極低温で使用される ⑤ 軸方向に動く従動リングと動かないシートリングがある ⑥ スプリング作用と流体圧力による面の接触圧力により密封する ⑦ イニシャルコストは高いが、ランニングコストは安い
メカニカルシール（アンバランス形）		6-1-47	低圧用で標準型	
オイルシール		6-1-48	リップ部分に、合成ゴムを使用することが多い。	① 回転、らせん運動用 ② 内部からの油漏れ、外部からのダスト、水の侵入を防ぐ
		6-1-49 6-1-50 6-1-51	ばねを挿入したタイプもある	
ダストシール		6-1-52 6-1-53	① ワイパリング、スクレーパーとも言う ② 合成ゴム、樹脂などの材料が使用される ③ 溶接粉や氷などの強固な異物を除去する場合は、金属製も使用される	① 外部異物の侵入を防止する ② シリンダに使用されることが多い
Ｏリング（スクイーズパッキン）		6-1-54 6-1-55	① 長方形の溝の中に装着する ② つぶし代を与えて、反発力で密封する	① 固定用、回転、らせん、往復運動用 ② つぶし代は、固定用で 15 ～ 30%、運動用で 8 ～ 20%

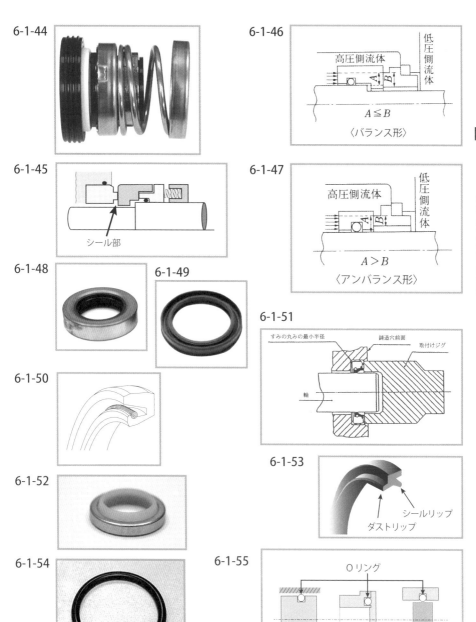

6-1-44

6-1-45

シール部

6-1-46

高圧側流体　　　低圧側流体

$A \leqq B$

〈バランス形〉

6-1-47

高圧側流体　　　低圧側流体

$A > B$

〈アンバランス形〉

6-1-48

6-1-49

6-1-50

6-1-51

すみの丸みの最小半径　　鋳造穴前面　　取付けジグ

軸

6-1-52

6-1-53

シールリップ
ダストリップ

6-1-54

6-1-55

O リング

a 外面への装着　　b 端面への装着　　c 内面への装着

種　類		特　徴	用　途
Vパッキン （リップパッキン）	6-1-56 6-1-57	① 高圧でも使用 　される ② 超高圧では、軟 　質金属製アダ 　プタを組み合 　わせて使用す 　る	① 往復運動用 ② オス・メス型のアダプタではさみ込 　む ③ 圧力に応じて、数枚重ねて密封する ④ 増締めして漏れを少なくできる
Lパッキン	6-1-58 6-1-59	① 低圧用 ② 皿パッキン、 　カップパッキ 　ンとも呼ばれ 　る ③ 外形側のリッ 　プで密封する	① 往復運動用 ② シリンダのロッド、ピストンで使用 ③ 平坦部をフランジで絞め込んで使用 　する
Uパッキン （リップパッキン）	6-1-60 6-1-61	① 低圧用（空気 　圧シリンダー 　が多い） ② 摺動抵抗が少 　ない	① 往復運動用 ② シリンダのロッド、ピストンで使用 　される
グランドパッキン	6-1-62 6-1-63 6-1-64	① 断面が角状で 　紐状である ② 円筒状に形成 　される	① 回転、らせん、往復運動用 ② スタッフィングボックスに詰め込む ③ 液体を若干漏らしながら使用する
バックアップリン グ	6-1-65 6-1-66	① 使用圧力が高 　い場合、はみ出 　しすきまが大 　きすぎる場合 　に使用する ② パッキンの耐 　久性を向上さ 　せる ③ 白色のPTFE 　が使用される	① パッキンのはみ出し防止用 ② パッキンの支持

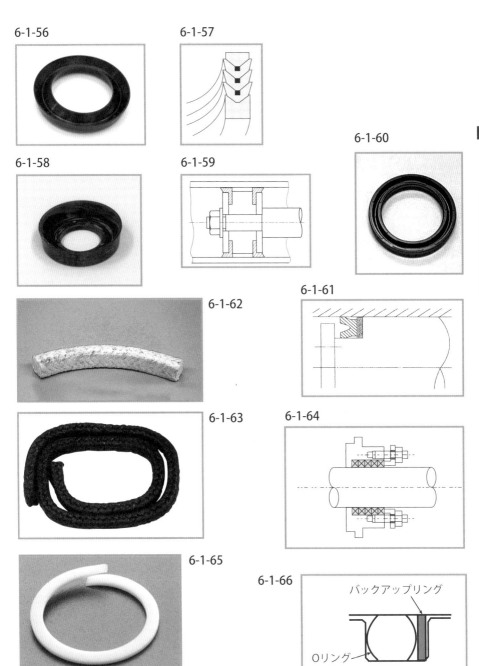

6-1-56

6-1-57

6-1-58

6-1-59

6-1-60

6-1-61

6-1-62

6-1-63

6-1-64

6-1-65

6-1-66

バックアップリング

Oリング

6-1-7　キー、ピンの種類と特徴

キー				
	種　類	特　徴		使用例
サドルキー	くらキー	ボス：キーみぞ加工 キー：勾配あり 小径、小荷重用		
	平キー	軸：キー座面 ボス：キーみぞ加工 キー：勾配なし 小径、小荷重用		
沈みキー	平行キー	軸とボスにキーみぞ加工 キー：勾配なし 中荷重用		
	勾配キー	軸とボスにキーみぞ加工 勾配あり 高速、大荷重用		
	接線キー	軸とボスの接線方向にキーみぞ加工 こう配をもつ平板を2枚1組として用いる 重荷重、正逆転運転用		120°
	半月キー	軸とボスにキーみぞ加工 軽荷重、テーパ軸用		

88

ピ ン			
種　類	特　徴		使用例
平行ピン	ピンの長さは円筒部の長さ ノックピン		2個以上の部品締結の際の位置決め用
テーパピン	1/50 のテーパあり		軸にボスを固定する場合に使用 ボス 軸 テーパピン
スプリングピン	すり割りあり		組立時の固定用
割りピン	ピンが左右に開く		

6-1-8 軸継手の種類と特徴

継手				
種　類			特　徴	
固定軸継手	フランジ軸継手		心出し誤差を許容しない	〈フランジ軸継手〉 リーマボルト はめ込み部
	筒形軸継手			〈筒形軸継手〉 安全装置 $3d+3.5\,\mathrm{cm}$　$0.4d+1\,\mathrm{cm}$ P
たわみ軸継手	フランジ形たわみ軸継手		心出し誤差を許容する	〈フランジ形たわみ軸継手〉 ゴムまたは皮ブシュ ゴム(皮革)スリーブ
自在軸継手	不等速自在軸継手	ユニバーサルジョイント	偏角を許容する	駆動側 α 従動側
	等速自在軸継手	バーフィールド型ユニバーサルジョイント		$\theta/2$ $\theta/2$ θ
		オルダム継手	偏心を許容する	従動軸 原動 フランジ　インサート　フランジ

6-1-9　弁の種類と特徴

配管部品および弁					
機能	種類	特徴		流量調整	流れ方向
全開または全閉で使用（閉止用）	仕切り弁（ゲートバルブ）	弁体：昇降式の円板　大口径配管用　弁棒昇降に時間を要す		×	なし
	球形弁（ボールバルブ）	弁体：回転式の球（配管径の穴が貫通）抵抗が小さい		×	なし
	蝶形弁（バタフライバルブ）	弁体：回転式の円板　弁箱小さく省スペース　低圧流体用		×	なし
流量調整用	玉型弁（グローブバルブ）ストップバルブともいう	弁体：昇降式の円板　密閉性が良い　取付に方向性あり		○	あり
	ダイヤフラム弁	弁体：昇降式の膜　漏れがない　抵抗が大きい		○	なし
逆止用	逆止弁（チェック弁）	弁体：開閉式の円板　背圧で逆流を防止　取付に方向性あり		×	あり

6-1-10 巻掛け伝動装置の種類と特徴

用途	種類		特徴	保全上の注意点
チェーン伝動	ローラーチェーン + スプロケット	ローラーチェーン ピンリンク ピン ローラーリンク ローラー スプロケット	すべりがない 中・高荷重用 単列形と複列形がある	スプロケットの歯数は奇数 （17枚以上） ゆるみや振動防止にテンショナーを設置
	サイレントチェーン + スプロケット	サイレントチェーン ガイドプレート リンクプレート スプロケット	すべりがない 中・高荷重用 騒音が少ない	
ベルト伝動	平ベルト + プーリ	(a) オープンベルト ベルト車 ゆるみ側 ベルト 張り側 (b) クロスベルト ベルト車 ベルト	2軸が平行でない場合にも使用できる オープンベルトで同方向回転 クロスベルトで反対方向回転	ゆるみ防止にテンショナーを設置 正テンショナー 逆テンショナー
	Vベルト + Vプーリ	Vベルト 外皮 心線 ゴム Vプーリ	2軸が平行の場合のみ使用できる 平ベルトと比べすべりが少ない	Vベルトの場合プーリの溝の上端よりVベルトの上面がはみ出して使用する
	歯付きベルト + 歯付きプーリ		2軸が平行の場合のみ使用できる すべりがない	ゆるみ防止にテンショナーを設置

機械の主要構成要素の
点検 ＋ 非破壊試験

本章は、「細目」に示されている学科試験の４択問題の学科試験のうち「機械の主要構成要素の点検」と「非破壊検査」を１つの章としてまとめたものである。これは広い意味での点検法として、測定（長さなど）と試験（硬さや欠陥検出）を一緒に学習した方が理解がしやすく、効率も良いと考えたためである。

「細目」の中で実際に出題が多いのは，次のとおりである。

「機械の主要構成要素の点検」では（1）点検機器（ノギス、マイクロメータ、すきまゲージ、ダイヤルゲージ、温度計、流量計、回路計などの使い方）、（2）硬さ試験（ビッカース、ブリネル、ロックウェル、ショアの各試験の特徴と相違など）、（3）工具（モンキーレンチ、プーラなど）

「非破壊検査」では、表面欠陥検出用と内部欠陥検出用の試験の区別、各試験の特徴（磁粉探傷試験、浸透探傷試験、超音波探傷試験、放射線探傷試験など）、各試験ごとの試験方法（超音波探傷試験の垂直探傷法や斜角探傷法など）などである。

本章は点検に関する項目であり、職場で見慣れた点検機器も多いとは思われるが、出題のパターンとしては、① 種類と特徴・使い方、② 測定器の測定原理、③ 測定限界を問うものがあるので、測定機器の名称のみでなく、関連項目について把握しておく必要がある。①については、1、2級では実技試験にマイクロメータの測定目盛りの読み方、3級では実技試験として工具に関する問題が出題される。②については、電磁流量計や水準器がよく出題されている。本来測定器を使う場合には、測定原理を理解した上で精度の確保に努めることが重要であるので、この機会によく理解しておこう。③については、とくに温度計のように多種類ある測定器についての性能比較の意味で、最高・最低測定温度について問われることが多い。

6-2-1 点検機器の種類と使い方

長さ測定の種類と特徴				
名　称		図	特　徴	注意点
ノギス	M 形	6-2-1	外形測定用ジョウと内径測定用ジョー、デプスバー 外径、内径、深さ、段差を測定	バーニア目盛り：19mm を 20 等分 測定単位：0.05mm
	CM 形	6-2-2	同一のジョウに外側用測定面および内側用測定面を持つ	バーニア目盛り：49mm を 50 等分 測定単位：0.05mm
マイクロメーター	マイクロメーター	6-2-3	測定範囲は 0 ～ 25mm、25 ～ 50mm というように、25mm ごとに JIS で決まっている おねじのピッチ 0.5mm の場合シンブルの目盛りは 50 等分、1 回転で 0.5 mm 動く おねじのピッチ 1.0mm の場合　シンブルの目盛りは 100 等分、1 回転で 1.0mm 動く	格納するとき、アンビルとスピンドルは密着させてはいけない マイクロメーターの 0 点調整は、アンビルとスピンドルを密着させて行う
	【問題 1】測定寸法は？ 【問題 2】測定寸法は？			測定値解答 【問題 1】25.01mm 【問題 2】23.76mm
	空気マイクロメーター		比較測定器 空気ノズルと測定面のすきまにおける流量や圧力の変化を利用	
	電気マイクロメーター		比較測定器 測定子の直線変異を電気量に変換	

6-2-1

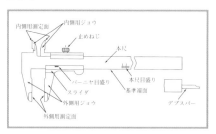

6-2-2

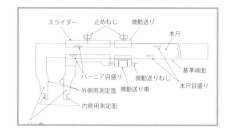

長さ測定の種類と特徴				
名　称		図	特　徴	注意点
ダイヤルゲージ	標準形ダイヤルゲージ	6-2-4	被測定物に当てた測定子の微小な動きを歯車などで拡大して目盛りで読み取る	
	てこ式ダイヤルゲージ	6-2-5	測定子が前後や左右に動く測定圧を受ける方向を切り替えることができる狭い場所での測定に適する	測定子をできるだけ測定物に対して平行にする
シリンダゲージ		6-2-6	測定子と換えロッドを被測定物の穴の内側に当て、その当たり量を他端にあるダイヤルゲージの指針で読み取る	内径測定時にダイヤルゲージの長針が0点よりも右（時計回り）なら測定値は基準径より小さい
すきまゲージ		6-2-7	リーフと呼ばれる薄い金属板をすきまに挿入し、そのすきまの寸法を測定する。リーフの先端が丸いＡ形、とがっているＢ形がある	リーフを重ねて使用すると誤差が生じる

6-2-3

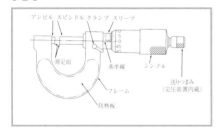

6-2-4

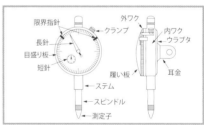

6-2-5　　6-2-6

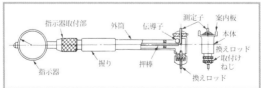

6-2-7

角度測定の種類と特徴			
名　称	図	測定原理	特　徴
水準器	6-2-8	水を入れた気泡管の中の空気が常にもっとも上に上がってくる性質を利用している	感度は、気泡を気泡官に刻まれた1目盛りだけ移動させるのに必要な傾斜である

流量測定の種類と特徴			
名称	図	測定原理	特　徴
差圧式流量計	6-2-9	オリフィスによる絞りの前後の差圧から、ベルヌーイの定理により流量を求める	流量計の前後にかなりの長さの直管が必要 水や油だけでなく、ガスや蒸気の流量も測定できる
容積式流量計	6-2-10	回転子（歯車など）による時間当たりの送り出し容積を計数する	高粘度流体は高精度で測定でき、低粘度流体になると漏れが増え、精度が低下する
面積式流量計	6-2-11	流量に比例して変化する絞り面積から流量を測定する	構造簡単で、流量計前後に直管部を設ける必要がない
電磁流量計	6-2-12	ファラデーの電磁誘導を利用して電圧を検出電圧と流量は比例することから流量を求める	液体の粘度・温度・圧力・密度に左右されない 圧力損失もない

6-2-8

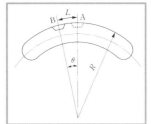

6-2-9
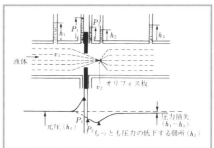

6-2-10
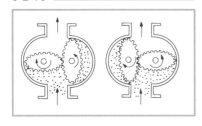

圧力測定の種類と特徴			
名称	図	測定原理	特 徴
ブルドン管式圧力計		渦巻形の金属管（ブルドン管）に通した流体の圧力の変化によって渦巻管が変形して、針が回転する	正の圧力測定のほかに、負の圧力測定もできる

回路測定の種類と特徴		
名称	特 徴	注意点
回路計	マルチメーターとも呼ばれ、内部の回路を切り換えることで、直流・交流の電流や電圧、抵抗を調べる	測定値が予測できないときは、最大の測定レンジから測定を始めるアナログ式とデジタル式がある

回転測定の種類と特徴		
名称	特 徴	注意点
回転速度計	機械式は、回転軸の中心に押し付け、歯車を使って回転した数を計数する	回転速度の瞬時値を連続的に測定できる
ストロボスコープ	一瞬だけ点灯する光源を一定間隔で繰返し発光させる装置	非接触で高速回転数を測定できる
ロータリーエンコーダ	回転角度を検出し、電気信号に変換して出力するセンサー	インクリメンタル形：回転量に応じた信号を出力 アブソリュート形：回転した絶対位置の信号を出力

6-2-11

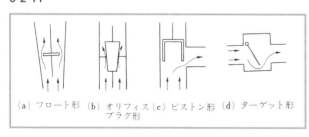

（a）フロート形　（b）オリフィス（c）ピストン形　（d）ターゲット形
プラグ形

6-2-12

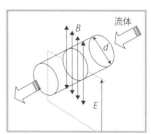

振動測定の種類と特徴		
名称	特徴	注意点
振動計	測定対象から振動をピックアップ（接触式）やレーザー光、電磁波（非接触式）でサンプリングし、電気信号に変換する	振動変位測定：変位センサーまたは加速度センサーで変換 振動速度や加速度測定：加速度センサー、一部速度センサー

温度測定の種類と特徴				
名　称			温　度＊	測定原理・特徴
接触式	液体封入ガラス温度計	有機液体温度計	-100 ～ 100℃	ガラス管に封入された液体の体積変化 着色アルコールなどを使用 安価で汎用性があるが、精度は低い
		水銀温度計	-35 ～ 350℃	ガラス管に封入された水銀の体積変化 応答が早い、有機液体温度計より精度が高い
	抵抗温度計	白金抵抗温度計	-100 ～ 500℃	温度が上昇すると抵抗値が増加 冷接点や温度補償が不要
		ニッケル抵抗温度計	-50 ～ 120℃	温度が上昇すると抵抗値が増加 冷接点や温度補償が不要
		サーミスタ温度計	-50 ～ 200℃	温度が上昇すると抵抗値が減少 冷接点や温度補償が不要
	熱電対温度計		-100 ～ 1000℃	ゼーベック効果（2種の異なる導体の接合部に温度差があると起電力を生じる）を利用 応答が早く、小スペースでの温度測定が可能
非接触式	放射温度計		100 ～ 2000℃	物体から放射された赤外線をサーモパイルで吸収し、温度に応じた電気信号を発生 非接触で、他の温度計より高温測定が可能

＊通常使われる温度であり、長時間にわたり使用できる温度範囲である

工具の種類と特徴		
名　称	形　状	用　途
モンキーレンチ		六角ボルト、六角ナットの多種の頭の寸法に合わせて開口寸法を調整して、締付け、緩めに使用する
六角棒レンチ		六角穴付きボルトに差し込んで、締付け、緩めに使用する
ラチェットハンドル		先端にソケットをボルト・ナットの頭のサイズに合わせて取り付け、六角ボルト、六角ナットの締付け、緩めに使用する
両口スパナ		六角ボルト、六角ナットの頭にかけて、締付け、緩めに使用する 片口タイプ、メガネタイプがある
センターポンチ		工作物にドリルで穴をあけるとき、その位置がずれないように目印をつける
シャコ万力		材料を加工・成形する際に、強い力で挟んで固定する
プーラ		歯車やプーリに引っ掛けて、軸から外すために使用する
パイプレンチ		配管パイプなどの外形にくわえて、締付け、緩めに使用する
ハイトゲージ（左）		定盤上で、材料のケガキや線引きに使用する
トースカン（右）		定盤上で材料の高さを測ったり、ケガキも行う

6-2-2 硬さ試験および測定用語

硬さ試験の種類と特徴			
名　称	圧子の形状	圧子の材質	特　徴
ブリネル硬さ試験 (HB)	球	鋼	硬さ＝試験荷重÷永久くぼみの表面積 表し方の例：500HB 比較的柔らかい鋼
ロックウエル硬さ試験 (HR)	Cスケール：円すい Bスケール：球	ダイヤモンド または鋼	硬さ＝異なる荷重による2回の押付けによるくぼみの深さの差 表し方の例：52HRC 硬い鋼（焼入れした鋼など） 薄板は、ロックウェルスーパーフィシャル硬さ（球圧子）
ビッカース硬さ試験 (HV)	四角すい	ダイヤモンド	硬さ＝試験荷重÷永久くぼみの表面積 表し方の例：544HV 非常に硬い鋼（鋼の浸炭層など）
ショア硬さ試験 (HS)	ハンマー 先端は半径 約1mmの球面	ダイヤモンド	硬さ＝ハンマーの跳上がりの高さ 表し方の例：69HS ゴムのような軟かい材料

測定に関して知っておきたい用語		
用　語	意　味	例
実長測定器	長さを直接測る	ノギス
比較測定器	圧力や電圧を測って長さに換算する	空気マイクロメータ
誤　差	測定値から真値を引いた値	JISZ8103:2019（計測用語）
アッベの原理	被測定物の測定面と測定器の測定目盛り部分とが一直線上にないと誤差を生じる	マイクロメータはアッベの原理に従っている。ノギスは原理に従っていない
標準状態	温度：20℃，23℃，25℃のいずれか	JISZ8703:1983（試験場所の標準状態）
	相対湿度：50%，65%のいずれか	
	気圧：86kPa ～ 106kPa	

6-2-3　非破壊試験の種類と特徴

非破壊検査の種類と特徴			
用途	非破壊試験名称		原　理
内部欠陥検出	超音波探傷試験	透過法	6-2-13
		共振法	6-2-14
		パルス反射法　垂直探傷法	試験体に垂直に入射した超音波パルスの反射波（エコー）で欠陥を検出 6-2-15
		パルス反射法　斜角探傷法	試験体に斜めに入射した超音波パルスの反射波（エコー）で欠陥を検出 6-2-16
	放射線透過傷試験	X線透過傷試験	欠陥の有無や大きさによって透過X線の強さが変化することで欠陥を検出 6-2-17
		γ線透過傷試験	X線より波長が短いので厚い試験体に適する
表面および内部欠陥検出	赤外線サーモグラフィ試験		試験体から放射される表面または内部欠陥を反映した赤外線強度をもとに画像化した温度分布から欠陥検出
	アコースティックエミッション試験		変形や破壊する際に放出される弾性波（AE波）をセンサで捉えて電気信号に変換して検出する

主に検出できる欠陥	注意点
薄板製品や表層近くにある欠陥の検出に適する	精度は低い
ラミネーションの検出に適する	薄板の厚み測定，腐食の状況検出ができる
内部に生じた面上欠陥 (割れ，融合不良，ラミネーションのように探傷面に平行で広がりのあるきず) ・欠陥位置：検出 ・欠陥形状（大きさ）：検出 ・欠陥深さ：検出	以下の欠陥は検出困難 球状欠陥（ブローホールなど）は検出困難 照射方向に平行な欠陥は検出困難
内部に生じた面上欠陥 (探傷面に斜めにある割れ，融合不良) ・欠陥位置：検出 ・欠陥形状（大きさ）：検出 ・欠陥深さ：検出	多孔質表面や凹凸 探傷子と試験体の間に音波の伝道媒体（油など）が必要
内部に生じた空洞状欠陥 (溶込み不良，ブローホールなど) ・欠陥位置：検出 ・欠陥形状（大きさ）：検出 ・欠陥深さ：検出	面状欠陥（ラミネーションなど）は検出困難 すき間微小なはく離は検出困難
金属，セラミックス，樹脂やPC内部検査きず，巣，介在物，異物混入	イリジウム 192、コバルト60 は放射性物質で，常時放射線が出ているので，使用しないときも遮蔽ボックスに入れて厳重管理が必要
表層部の浮きや内部の面状欠陥や空洞欠陥 ・欠陥位置：検出 ・欠陥形状（大きさ）：検出 ・欠陥深さ：検出	濃淡画像からの間接的な欠陥状態の判断となる
表面または内部に発生しつつある亀裂，はく離	既存欠陥は検出できない

6-2-13

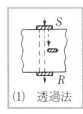

(1) 透過法

6-2-14

R：受信用振動子

(3) 共振法

6-2-15

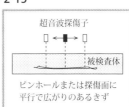

ピンホールまたは探傷面に平行で広がりのあるきず

(a)垂直探傷法

6-2-16

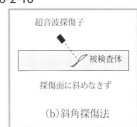

探傷面に斜めなきず

(b)斜角探傷法

6-2-17

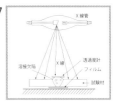

温度計

　私たちが慣れ親しんでいる体温計や寒暖計は液体棒状温度計であり、液体の熱膨張を利用していることはよく知られている。しかし、それ以外の抵抗温度計や熱電対温度計、放射温度計については、原理も含めて以外に知られていないことが多いので、ここにまとめておこう。

ポイント1　抵抗温度計は材料の抵抗値と温度の関係を利用

　金属の電気抵抗はほぼ温度に比例し、半導体の電気抵抗はほぼ逆比例する。この性質を用いて温度計に利用している。白金線温度計は－ 100 ～ 500℃、ニッケルは－ 50 ～ 120℃、銅は 0 ～ 180℃の温度測定に用いられる。半導体酸化物を用いたサーミスター温度計は、目的とする温度領域で最大感度を示すように作成できるので、－ 50 ～ 200℃における簡易計測に使われる。

ポイント2　熱電対温度計は2点の温度差で発生する起電力を利用

　2本の異なる材質の導線の両先端を接合した熱電対を用い、先端部（測温接点）と基部（基準接点）との温度差に対応して発生する熱起電力（ゼーベック効果）の大きさによって温度を測定する。基準接点の温度がわかっていれば、起電力の電圧を測定して既知の起電力表と対比することで測定接点の温度がわかる。他の温度計に比べて応答が早いという特徴がある。熱電対は使われる金属によって JIS C 1602 により、B、R、S、N、K、E、J、T に分類され、一般的な測定温度範囲は－ 100 ～ 1000℃である。

ポイント3　放射温度計は被測定物から放射される赤外線を利用

　物体から放射される赤外線の強さは、温度が高くなるにしたがい増加する。その放射量を検知することで温度を非接触で測定できる。一般的に測定範囲は 100 ～ 2000℃ではあるが、測定精度に放射率が影響する。たとえば同じ 100℃でも、放射率 0.1 の真ちゅうは 100℃の 10％分の赤外線しか放出せず、実際は 100℃であるのに 10℃と表示される。そこで放射温度計での測定には、放射率の把握が重要となる。

機械の主要構成要素に生じる欠陥の種類、原因、対応処置

本章は、「細目」に示されている学科試験の4択問題の学科試験のうち「機械の主要構成要素に生ずる欠陥の種類、原因及び発見方法」と「機械の主要構成要素の異常時における対応措置の決定」を1つの章としてまとめたものである。実際には、これら2つの章は「欠陥の種類と原因、対応処置の決定」というひとくくりの流れの中にあるので、まとめて学習する必要がある。なお、本章は実技試験の範囲でもあるので、学科と実技に共通して出題される「振動の種類と性質」と「金属材料の疲労と破壊」についてまとめた。

「細目」の中で実際に出題されているのは、「機械の主要構成要素に生ずる欠陥の種類、原因及び発見方法」では、ころがり軸受の損傷、歯車の損傷、配管の腐食、巻掛け伝動装置のトラブル、油圧機器のトラブル、空気圧機器のトラブルなどである。「欠陥の種類と原因、対応処置の決定」では、上記のころがり軸受～空気圧機器のトラブルへの対処と、異常振動の原因と検出・判定法である。

実技試験ではこれに加えて、金属材料の破断面から損傷の内容や原因について問う出題がある。金属の破壊については理解が難しいこともあるので、興味を持ってもらえるようにコラムを載せた（120ページを参照）。

本章は、経験がないと解答に困る内容が多い。とくに実技においては、振動の種類と性質（振動の種類や測定法、振動波形から異常の種類を判定する方法など）、金属材料の疲労と破壊（破壊の種類と特徴、破断面のマクロ、ミクロの模様からの原因の判断、金属疲労の特徴と破断面への影響など）については、本書とともに『機械保全の徹底攻略（機械系・実技）』を再読して理解と知識を確実にしておく必要がある。

6-3-1　振動の種類と性質

振動用語				
用途	用 語	意 味	適 用	内 容
振動の基礎	振幅 a	正弦波の最大の山の高さ（または谷の深さ）	$a = \sin \omega t$	6-3-1
	周波数 f	1 秒間の振動回数	$f = \dfrac{\omega}{2\pi}$	
	周期 $T = 1/f$	1 回の振動に要する時間	$T = \dfrac{1}{f} = \dfrac{2\pi}{\omega}$	
振動の種類	振動の変位	変位量または動きの大きさそのものが問題となる場合低周波領域（100Hz 以下）で高感度	回転軸の振れ回り、工作機械のビビリ現象	6-3-2 6-3-3 6-3-4
	振動の速度	振動の大きさ、繰り返し回数（疲労度）が問題となる場合中周波領域（10 ～ 1000Hz 以下）で高感度	回転機械の振動アンバランス、ミスアライメント、ガタ 歯車軸の振動オイルホイップ	
	振動の加速度	衝撃力などの力の大きさが問題となる場合高周波領域（1000Hz 以上）で高感度	軸受損傷による振動 歯車の歯の欠損・歯面摩耗ころがり軸受の損傷	

6-3-1

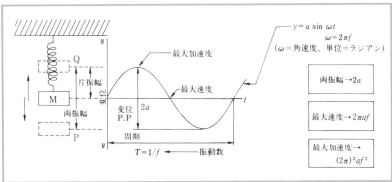

6-3-2

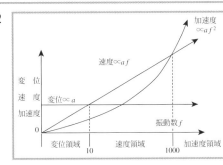

6-3-3

振動の種類	周波数領域	異常振動の種類の例
低周波	回転周波数の5倍程度まで	アンバランス、ガタ、ミスアライメント、オイルホイップ、軸の曲がり
中周波	数kHz程度まで	歯車の振動 流体力による振動
高周波	1kHz以上	ころがり軸受のきずによる振動 摩擦振動

6-3-4

周波数帯域		10　　　　　100　　　　　1000　　　　10000Hz		
測定パラメーター	変　位			
	速　度			
	加速度			
おもな異常		アンバランス ミスアライメント オイルホイップ など	圧力脈動 ランナー通過振動	キャビテーション 衝　撃 ラビリンス接触

107

振動測定		
用途	用語	意味
振動の基礎	絶対判定法	測定値を「判定基準」と比較して、良好、注意、危険と判定する方法
	相対判定法	同一部位を定期的に時系列的に比較し、正常な場合の値を初期値としてその何倍になったかを見て、良好、注意、危険と判定する方法
	相互判定法	同一機種が複数台ある場合、それらを同一条件で測定して相互に比較して判定する方法
異常振動の種類	強制振動	外部からの強制力によって振動体に生じる周期的な振動	アンバランス ミスアライメント
	自励振動	振動体自身の固有振動数によって自然発生的に生じる振動	オイルホイップ びびり振動

振動測定	
測定の注意点	関連内容
測定位置および方向	軸受の振動測定位置および方向は、軸方向（A）、水平方向（H）、垂直方向（V）の3方向一般的に、H：アンバランスV：ガタA：芯不良の振動が出やすい
測定のポイント	ハウジングの剛性の高い部分で滑らかな個所で測定する
振動ピックアップの選定	手による固定式では数100Hzまでマグネットによる固定：1～2kHz スタッドによるねじ止め：数10KHz

周波数計算

例題　設問1

　下の<歯車減速機図>は、歯車減速機の模式図である。この歯車減速機に対して振動測定を行ったところ、異常振動が発生していた。次の設問に答えなさい。

　なお、設問1と設問2は、関連性はないものとする。

<歯車減速機図>

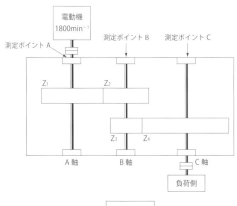

電動機
1800min⁻¹

測定ポイントA　測定ポイントB　測定ポイントC

Z_1　Z_2

Z_3　Z_4

A軸　　B軸　　　C軸

負荷側

Z_1：45枚
Z_2：32枚
Z_3：20枚
Z_4：60枚

●設問1

　かみ合い周波数を求めるための計算式になる<かみ合い周波数の計算式>の①～③に当てはまる語句の組合わせとして、もっとも適切なものを<表>から1つ選び、その記号を解答欄にマークしなさい。

かみ合い周波数の計算式

$$① \times \frac{②}{③}$$

<表>

	①	②	③
ア	60	歯数(枚)	軸の回転数（min⁻¹）
イ	60	軸の回転数（min⁻¹）	歯数（枚）
ウ	軸の回転数（min⁻¹）	60	歯数（枚）
エ	歯数（枚）	軸の回転数（min⁻¹）	60
オ	歯数（枚）	軸の回転数（min⁻¹）	120
カ	軸の回転数（min⁻¹）	120	歯数（枚）

●設問2

　<歯車減速機図>に示す測定ポイントを測定した結果、<スペクトル波形図>の波形が得られた。推測できる異常箇所、および異常原因として、もっとも適切なものを<異常箇所><異常原因>の中からそれぞれ1つ選び、その記号または番号を解答欄にマークしなさい。

<スペクトル波形図>

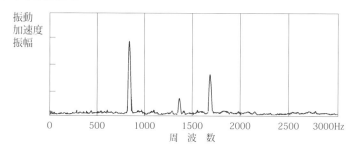

※実際の出題では、スペクトル図内に発生周波数の数字が記入されていないことがある。そのときは、目測で周波数を判断すること。

<異常個所>

ア　A軸の軸継手
イ　C軸の軸継手
ウ　Z_1、Z_2一対の歯車
エ　Z_3、Z_4一対の歯車
オ　B軸の歯車

<異常原因>

1　ミスアライメント
2　歯が一部欠落
3　歯面の摩耗
4　アンバランス

例題　設問1、設問2の解答・解説

●設問1

かみ合い周波数の計算式は、右枠の式で計算できる。
したがって、エが正解である。

$$fm = Z \times N / 60$$
fm：かみ合い周波数（Hz）
Z：歯数
N：軸の回転数（min^{-1}）

●設問2

まず、各軸の回転周波数とかみ合い周波数を計算すると、次のとおりである。

- A軸回転周波数：$fo_1 = 1800 / 60 = 30$Hz
- B軸回転周波数：$fo_2 = 30 \times 45 / 32 = 42$Hz
- C軸回転周波数：$fo_3 = 42 \times 20 / 60 = 14$Hz
- 1段ギヤ噛合い周波数：$fm_1 = fo_1 \times Z_1 = 30 \times 45 = 1350$Hz
- 2段ギヤ噛合い周波数：$fm_2 = fo_2 \times Z_3 = 42 \times 20 = 840$H

スペクトル波形図に、840Hzとその2倍の1680Hzが卓越周波数として発生している。これは2段ギヤ噛合い周波数とその2倍の周波数であり、Z_3、Z_4一対の歯車からの振動である。

その振動原因は歯面の摩耗と診断できる。仮に歯の一部欠落のときは、歯車の1回転に1回の振動が発生し、その振動周波数は噛合い周波数と同時に、欠落した歯車軸の回転周波数も顕著に現れる。

そこで解答は、以下のとおりである。

＜異常個所＞　エ　Z_3、Z_4一対の歯車
＜異常原因＞　3　歯面の摩耗

6-3-2 金属材料の疲労と破壊

金属材料の疲労と破壊			
名称	写真・図	変形挙動・特徴	破断面の形態
静的破壊（延性破壊）	6-3-5	① 徐々に増加する荷重による破断 ② すべりを生じて（あたかも重ねたカードが相互にすべるようにして）、塑性変形（大きな変形）を伴う	① 破断部は、カップアンドコーンを生じる ② 破面は、ディンプルと呼ばれるくぼみが多数観察される。
静的破壊（脆性破壊）	6-3-6	① ほとんど塑性変形せずに、急激に破壊する ② 軟鋼を低温で使用するとき、高硬度鋼を使用するときに生じやすい。また、軟鋼でも切り欠きなどがあると生じやすい	① 破断面を回転するとピカピカ光って見える。破断面の結晶面は、ランダムな方向に配置しているからである ② 破面は、シェブロンパターン、リバーパターンが観察される
衝撃破壊	6-3-7	① 亀裂や鋭い切り欠きがある場合に、衝撃荷重を受けると、塑性変形せずに急速に破壊する	① 破面は放射状であり、延性破面より明るい
疲労破壊	6-3-8	① 引張り強度より小さい荷重の繰返しで、破壊する ② 機械部品の破損原因の70%は、疲労破壊である	① 破面には、マクロ的にはビーチマーク（貝殻模様）、ミクロ的にはストライエーション（縞模様）が観察される ② ストライエーションの1縞は、繰返しの1サイクルである
クリープ破壊	6-3-9	① 一定荷重で、時間経過とともにひずみが増加（塑性変形）する現象である ② 高温、高荷重ほど、クリープ変形が進行しやすい	① 変形組織において結晶粒界では、高応力ではくさび形の空洞（Wタイプ）が、低応力では空泡形空洞（Rタイプ）が、形成される ② 破面には、ディンプルが観察される
応力腐食割れ	6-3-10	① 腐食性液体または気体による化学的影響を伴う力学的破壊である ② 外部負荷応力だけでなく、溶接や加工時に残留応力によっても生じる	① 多数の小枝状の割れが発生する

静的破壊（延性破壊）（6-3-5）

6-3-5

シャーリップ
放射状破面
繊維状破面

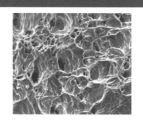

静的破壊（脆性破壊）（6-3-6）

6-3-6

放射状破面
繊維状破面
切欠き

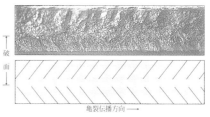

破面

亀裂伝播方向 →

リバーパターン

0.05mm

写真提供：日鉄テクノロジー株式会社

衝撃破壊（6-3-7）

6-3-7

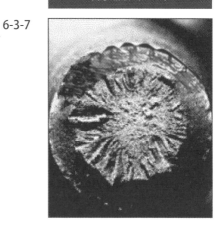

＊過去の試験問題（147ページも参照）

6-3-8

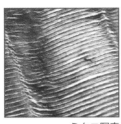

ミクロ写真

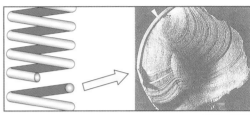

マクロ写真

クリープ破壊（6-3-9）

6-3-9

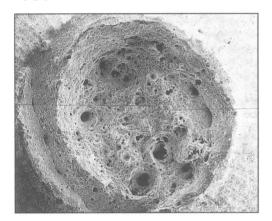

くさび形空洞（Wタイプ）

空泡形空洞（Rタイプ）

応力腐食割れ（6-3-10）

6-3-10

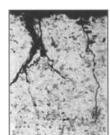

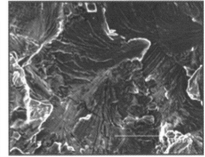

潤滑剤

本章は、「細目」に示されている学科試験の「潤滑および給油」と実技試験の「潤滑剤の判別」とを整理してまとめた内容である。

「細目」の中で実際に出題が多いのは、次のとおりである。

（1）潤滑剤の種類、性質および用途、（2）潤滑方式の種類、特徴および用途、（3）潤滑の状態（固体潤滑、境界潤滑、流体潤滑）、（4）潤滑剤の劣化の原因および防止方法、（5）潤滑剤の分析方法および浄化方法、これらがよく出題される。

本章は潤滑剤に関する項目である。軸受・歯車の損傷防止および長寿命化、ならびに油圧および空気圧回路での適切な使用を実現するためには、潤滑剤を理解して使用する必要がある。最初に、潤滑剤の種類、特徴、用途などを、2 番目に、潤滑剤の使用目的と性質を、3 番目に、潤滑油の粘度グレードとグリースのちょう度を、最後に、作動油の試験項目と管理基準を説明した。

学科試験では、毎年すべての項目の中から出題される。一方、実技試験では、ちょう度番号と用途、および作動油の試験項目と管理基準などが出題されている。毎年出題されるほどの頻度ではないが、機械保全技能士として知っておくべき基本事項であり、しっかりと対策しておけば満点を取ることができる項目である。したがって、『機械保全の徹底攻略（機械系・実技）』の模擬問題を解いて、その後、本章の内容で十分復習しておくことをお勧めする。

6-4 潤滑剤

6-4-1 潤滑剤の種類・特性・用途

名　称	状　態	成　分	特性値	用　途
潤滑剤の種類・特性・用途				
潤滑油	液体	基油 + 添加剤	ISO 粘度グレード（VG）、動粘度（mm²/s）、粘度（Pas）、粘度指数、流動点、凝固点	マシン油、タービン油、軸受油、ギヤ油、作動油、圧縮機油、摺動面油
グリース	半固体	基油 + 添加剤 + 増ちょう剤	ちょう度、ちょう度番号、滴点	軸受潤滑剤
固体潤滑剤	固体	MoS₂、WS₂、グラファイト、PTFE		塑性加工、特殊雰囲気潤滑剤

目　的	説　明
潤滑剤の使用目的	
減摩作用	・摩擦面の間に潤滑剤を供給して、乾燥摩擦を境界摩擦に置き換えて、摩擦を最小限にする ・油膜の形成は粘度の高い方が安定するが、高すぎると油自身の摩擦熱のため摩擦面の温度が上昇する。適切な粘度を使用すること
冷却作用	・多量の油を供給して、熱を取り去る ・粘度が低いほど放熱力が大きい
応力分散	・歯車やころがり軸受の摩擦面は、点または線接触しているので、集中応力が発生して疲労破壊を起こす。この集中応力を分散する ・粘度が高いほど、油膜の形成が容易である。しかし、高すぎると油自身の摩擦熱のため摩擦面の温度が上昇する
密封作用	・シリンダーを例にすると、ピストンリングとシリンダー壁との間に密封作用がある。 ・粘度を高くすると、シリンダー内部の高圧ガスが漏れにくくなる
防錆作用	・摩擦面に油膜をつくることにより、水分と隔離して防錆する
防じん作用	・とくに、グリースの場合半固体状であるため、軸受の周囲にとどまっているじん埃の侵入を防ぐ ・ラビリンスに給油することによって、じん埃の侵入を防ぐ
清浄作用	・異物（摩耗粉、スラッジの分散、異物の溶解）を除去する

潤滑剤の性質		
潤滑剤	性　質	説　明
潤滑油	反応	・油の化学的性質が、酸性、アルカリ性、または中性反応を示すかの区分である ・精製された潤滑油は中性で、腐食原因となる酸性またはアルカリ性を示さない
	引火点、発火点	・引火点は、潤滑油を加熱しながら火炎を近づけたときに、光を発して瞬間的に燃焼する温度 ・発火点は、引火点より $20 \sim 50$ K 高い
	粘度	・油の粘さを粘度という。絶対粘度 μ（Pa・s）を密度 ρ（kg/m^3）で割った値を、動粘度 ν（mm^2/s）という ・油に粘りがあり、ドロドロしているものを粘度が高いという ・粘度が高いと、摩擦抵抗が大きくなる。そのため、軽荷重・高速回転の軸受では、大きな摩擦損失が生じる ・粘度が低いと、油の接種面の圧力に耐えられずに押し出され、流体潤滑が保てなくなる ・粘度は温度によって変化するので、使用個所の荷重、速度、温度によって適正な潤滑油を選択する必要がある
	ISO 粘度グレード(VG)	・動粘度の中心値を整数化して、VG をつけて表示する。たとえば、動粘度が $\nu = 68$mm^2/s の潤滑油の場合、VG68 という。VG 値が大きい潤滑油ほど、粘度が高い
	粘度指数(VI)	・潤滑油の粘度は温度によって変化する。この変化の割合を示すのに粘度指数を使用する ・粘度変化の小さいものほど、粘度指数 VI は大きい ・良質の潤滑油は、VI は 80 以上である。最近は、$120 \sim 140$ 程度の潤滑油もある
	流動点、凝固点	・凝固点は、潤滑油を冷却したときに固まって流動しなくなる温度 ・流動点は、凝固する前に流動しうる最低温度 ・流動点は、凝固点より 2.5 K 高い温度になる
	酸化安定性	・酸化安定性は、潤滑油の寿命を知るもっとも重要な要素である ・温度が高くなるほど、酸化速度が速くなる ・高温、あるいは空気との接触条件下で、金属やじん埃、水などが触媒になって促進される ・寿命判定には、全酸価が使用される
	水分	・潤滑油に水分が含まれると、油の劣化を促進する ・水の混入許容度は、0.1%以下である
	抗乳化性	・潤滑油と水分は混合しにくい。撹拌によって一時的に乳化しても、静置すると分離する。良質な潤滑油は、新油のときは 1 分以内で分離する
	色相	・潤滑油の劣化が進み着色されていくので、外観上の劣化判定の目安となる ・ASTM 色が一般に使用されている ・$0 \sim 8.0$ まで0.5 間隔で表示されており、親油の色より 2 ポイント以上色が濃くなった場合は、使用限界である

6
|
4

潤滑剤

潤滑剤	性 質	説 明
グリース	ちょう度	・グリースの硬さと粘さを合わせた特性である ・ちょう度が大きいときは、グリースが軟らかい ・ちょう度は、グリースの入ったカップにコーンを落下させて、入った深さ（mm）を10倍した値である
	ちょう度番号	・ちょう度番号が大きいときは、グリースが硬い
	滴点	・滴点は、グリースが溶けてしずくになって落下するときの温度 ・滴点の60〜70%を使用限界温度の目安とする ・滴点はちょう度に影響されず、増ちょう剤の種類に影響される
	機械的安定性	・グリースは使用中に攪拌されて、増ちょう剤の組織が変化して流動状になって摩擦面から流出したり、または硬くなるものもある ・ちょう度の変化のすくないものを、機械的安定という ・良質のグリースは、新品と比較して15%以下の変化である

グリースの特性と用途				
ちょう度番号 （NLGI No.）	ちょう度	状 態	用 途	備 考
0号	355〜385	きわめて軟	集中潤滑給油用	▲ 軟
2号	265〜295	中間	一般用・密封用（たとえば、4極モータの軸受、扇風機の軸受）	
4号	175〜205	硬	特殊用途用	▼ 硬

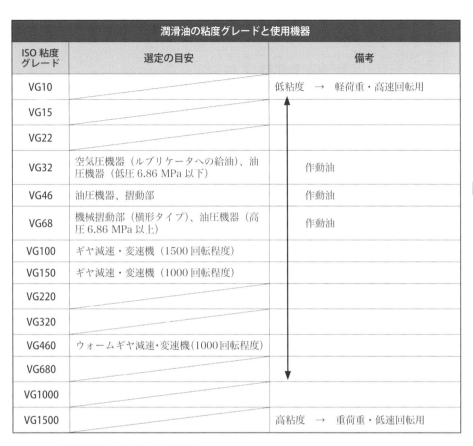

潤滑油の粘度グレードと使用機器		
ISO 粘度グレード	選定の目安	備考
VG10		低粘度　→　軽荷重・高速回転用
VG15		
VG22		
VG32	空気圧機器（ルブリケータへの給油）、油圧機器（低圧 6.86 MPa 以下）	作動油
VG46	油圧機器、摺動部	作動油
VG68	機械摺動部（横形タイプ）、油圧機器（高圧 6.86 MPa 以上）	作動油
VG100	ギヤ減速・変速機（1500 回転程度）	
VG150	ギヤ減速・変速機（1000 回転程度）	
VG220		
VG320		
VG460	ウォームギヤ減速・変速機（1000回転程度）	
VG680		
VG1000		
VG1500		高粘度　→　重荷重・低速回転用

6-4-2　潤滑剤の劣化と管理

作動油の試験項目と管理基準		
項　目	基準値	評価の内容
動粘度（mm²/s、40℃）	新油比 ±10％以内	異油種の混入、作動油の劣化、ポリマーの分解、酸化劣化で動粘度の増加
全酸価（mgKOH/g）	新油比 + 0.5 以下	添加剤の消耗合い、酸化劣化。温度が高くなると酸化する。スラッジ発生
水分（vol%）	0.1%以下。または、白濁していないこと	水分の混入。水と油が混ざると乳化する
色相（ASTM）	著しく変化がないこと。2 ポイント以上で使用限界	熱劣化、酸化が進むと赤みから茶色へと変色する。異物の混入
汚染度（mg/100 ml、0.8 μm フィルタ）	NAS 等級 10 以下（サーボ系の場合 8 以下）	ゴミ、摩耗粉のきょう雑物。作動油の劣化・変質物の生成

材料の試験方法のまとめ

材料が実際に使用されているときの破壊を実験で再現するときは、表にまとめる試験方法を実施する。

破壊形態	試験方法	測定曲線	曲線の名称・説明
静的破壊 ・延性破壊 ・脆性破壊	引張試験、圧縮試験 ひずみ速度一定で変形させて、応力を測定する。	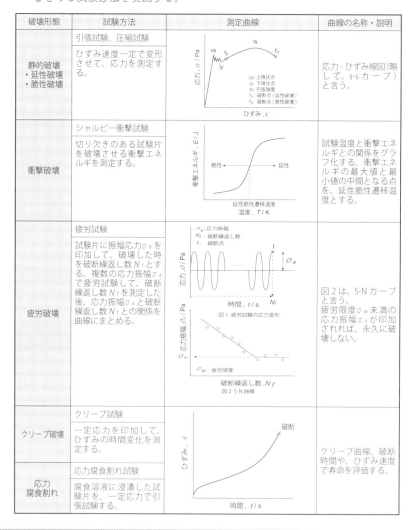	応力-ひずみ線図（略して、s-sカーブ）と言う。
衝撃破壊	シャルピー衝撃試験 切り欠きのある試験片を破壊させる衝撃エネルギを測定する。		試験温度と衝撃エネルギとの関係をグラフ化する。衝撃エネルギの最大値と最小値の中間となる点を、延性脆性遷移温度とする。
疲労破壊	疲労試験 試験片に振幅応力 σ_a を印加して、破壊した時を破断繰返し数 N_f とする。複数の応力振幅 σ_a で疲労試験して、破断繰返し数 N_f を測定した後、応力振幅 σ_a と破断繰返し数 N_f との関係を曲線にまとめる。		図2は、S-Nカーブと言う。疲労限度 σ_w 未満の応力振幅 σ_a が印加されれば、永久に破壊しない。
クリープ破壊	クリープ試験 一定応力を印加して、ひずみの時間変化を測定する。		クリープ曲線。破断時間や、ひずみ速度で寿命を評価する。
応力腐食割れ	応力腐食割れ試験 腐食溶液に浸漬した試験片を、一定応力で引張試験する。		

油圧・空気圧 + JIS 記号

本章は、「細目」に示されている学科試験の「油圧装置および空気圧装置の基本回路」「油圧機器および空気圧機器の種類・構造及び機能」と、実技試験の「機器の異常時における対応措置の決定」とを整理してまとめた内容である。

実際に出題が多いのは、次のとおりである。

油圧回路の場合は、(1) ポンプ、(2) 圧力制御弁、(3) 方向制御弁、(4) 流量制御弁、空気圧回路の場合は、(1) 空気圧調整ユニット（三点セット）が、良く出題される。

本章については、油圧および空気圧回路を使用した機器操作および異常時の対応に関する項目である。最初に、機器の名称、記号、断面図、および動作・機能・特徴・用途を、次に、速度制御の基本回路について、まとめて整理して説明した。

学科試験では、毎年すべての項目の中から出題される。一方、実技試験では、油圧機器または空気圧機器が毎年出題されている。とくに、油圧・空気圧回路中の回路記号の機器名称と機器断面図を問われる問題が必ずといっていいほど出題されている。本章でまとめた表を使用して、図記号を見て機器名称と機器断面を完全に言い当てることができるまで、さらに、動作・機能・特徴・用途等が説明できるように練習しておくことをお勧めする。そして最後に、『機械保全の徹底攻略（機械系・実技）』の模擬問題を解いて総復習しておくことをお勧めする。最低でも 70% は正答できる実力がついていることが実感できるだろう。

6-5　油圧・空気圧 ＋ JIS 記号

6-5-1　油圧および空気圧回路の記号・断面図および特徴

名称	JIS 記号	断面図	動作、機能、特徴、用途等
油圧および空気圧回路の記号・断面図および特徴			
タンク			(1) 機能：作動油を貯める (2) 特徴：油圧ポンプ吐出し量の3倍以上の油量を蓄えることができる
ポンプ			(1) 動作 作動油に流体エネルギを与えて、各部に供給する（▲のみは、省略形である） (2) 機能 ベーンポンプ、歯車ポンプ、ピストンポンプがある。 (3) 特徴 ポンプの出力と吐出し量は、下記の式である。 出力：　$L_{out} = \dfrac{P \times Q}{\eta}\,[\text{W}]$ 吐出量：　$Q = \eta \times q \times N\,[\text{m}^3/\text{s}]$ ただし、$P\,[\text{Pa}]$ は吐出し圧力、$q\,[\text{m}^3]$ はポンプ容量（羽根車1回転あたりの水体積）、$N\,[\text{rps}]$ は回転数、η は全効率である
ポンプおよびモーター（定容量形油圧ポンプ）		6-5-1	(1)　機能 1回転あたりの吐出し量を変えられない
可変容量形油圧ポンプ		6-5-2	(1)　機能 1回転あたりの吐出し量を変えられる
単動シリンダー			(1)　機能 流体エネルギー（流量、圧力）を直接往復運動に変換して仕事動作を行う (2)　特徴 圧油の出入り口はボトムの1ヵ所だけで、ラムを伸ばす方向だけに圧油をかける。ラムが縮む方向は、ラムに加えられる外力によって縮められる
複動シリンダー			(1)　機能 流体エネルギー（流量、圧力）を直接往復運動に変換して仕事動作を行う (2)　特徴 ピストンの両側に油圧がかかる。圧油の出入り口は、ヘッド側、ボトム側の2ヵ所にある

名称	JIS 記号	断面図	動作、機能、特徴、用途等
（直動形） リリーフ弁	P T	6-5-3	(1) 動作 圧力（P）ポート側の圧力が上昇して、ポペットを上に押す力がスプリングより大きくなると、ポペットを押し上げる。このとき、シート面との間にできたすきまから、圧油をタンク（T）ポート側に逃がす (2) 機能 油圧回路内の圧力が弁の設定圧以上になると、弁が開いて圧油を戻り側へ逃がし、油圧回路と一定圧に保って装置を保護する。弁より上流（Pポート）側の圧力を制御する（記号の点線は、Pポート（1次）側につながる） (3) 特徴 長所：構造が簡単で小型 短所：チャタリングの発生や圧力オーバーライド特性が悪い (4) 用途 低圧・小容量向け (5) その他 圧油を逃がすときに、回路記号の矢印線は、P、Tポートに移動する点、1次側に圧力がかかる点等が減圧弁と異なる
パイロット作動形 リリーフ弁		6-5-4	(1) 動作 圧力（P）ポート側の圧力が上昇して、ポペットを上に押し上げたときに、シート面との間にできたすきまから、圧油をタンク（T）ポート側に逃がす。回路内の余剰油を逃がすバランスピストン部（流量制御部）と、この作動を制御し圧力を調整するパイロット部（圧力制御部）からなる (2) 機能 圧力ポートから圧油が入り、チョークを通りポペットの部屋まで流れ着く。油圧がポペットの押付け力（スプリングの力）以上になると、ポペットを開きピストンの内部を流れ、ベントポートに逃げる このとき、A、Bに圧力差が生じ、バランスピストンは、B側に押し上げられ、油はタンクポートへ流れる。圧力は、ハンドルをねじ込み、ポペットの押付け力を調整すれば、自由に調整できる (3) 特徴 長所：圧力オーバーライド特性が良い 短所：構造が複雑で大型 (4) その他 圧油を逃がすときに、回路記号の矢印は、P、Tポートに移動する点、1次側に圧力がかかる点等が、減圧弁と異なる

名称	JIS 記号	断面図	動作、機能、特徴、用途等
減圧弁		6-5-5	(1) 動作 2次側に圧力がかかるので、作動中はパイロット流量をドレン油として常に直接タンクに戻さなければならない (2) 機能 主回路より一段低い圧力が必要な場合に使用する (3) 特徴 ドレン油は損失流量となるので、ポンプ吐出し量の少ない場合には注意が必要である (4) 用途 一般に、パイロット作動形減圧弁が使用される (5) その他 2次側に圧力がかかるのが、リリーフ弁と異なる
パイロット作動形 減圧弁		6-5-6	
シーケンス弁		6-5-7	(1) 機能 2つ以上の分岐回路がある場合、回路の圧力によってアクチュエーターの作動順序を自動的に制御する
アンロード弁		6-5-8	(1) 機能 回路内の圧力が設定圧力以上になると、自動的に圧油をタンクに逃がして回路圧力を低下させ、ポンプを無負荷状態にして動力を節約できる自動弁である
カウンターバランス弁		6-5-9	(1) 機能 アクチュエーターの戻り側に抵抗を与え、縦形シリンダーなどの自動落下防止、または制御速度以上の速さで落下するのを防止する
電磁切換え弁 (2ポート2ポジション)		6-5-10	(1) 動作 切換え弁スプールの作動を電磁石 (ソレノイド) によって行い、油の流れの方向を切り換える (2) 機能 2ポート2ポジション電磁切換え弁である
電磁切換え弁 (4ポート3ポジション)	A B a b P R	6-5-11	(1) 動作 切換え弁スプールの作動を電磁石 (ソレノイド) によって行い、油の流れの方向を切り換える (2) 機能 4ポート3ポジション電磁切換え弁である

6-5-1

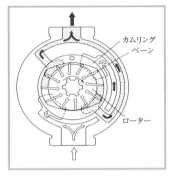

カムリング
ベーン
ローター

6-5-2

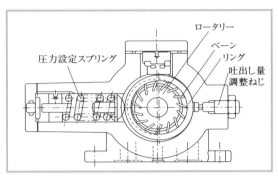

圧力設定スプリング
ロータリー
ベーン
リング
吐出し量
調整ねじ

6-5-3

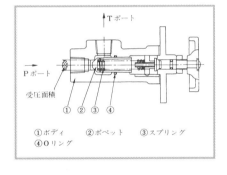

Tポート

Pポート

受圧面積

① ② ③ ④

①ボディ　②ポペット　③スプリング
④Oリング

6-5-4

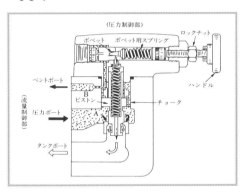

（圧力制御部）
ポペット　ポペット用スプリング
ロックナット
ベントポート
ハンドル
（流量制御部）
B
ピストン
チョーク
圧力ポート
A
タンクポート

6-5-5　空気圧用減圧弁

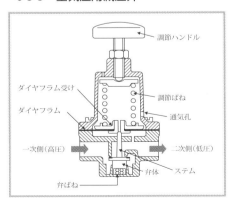

調節ハンドル

ダイヤフラム受け
調節ばね
ダイヤフラム
通気孔
一次側（高圧）
二次側（低圧）
弁ばね
弁体
ステム

6-5-6

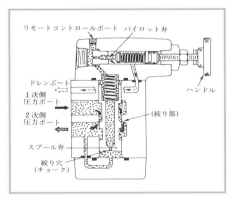

リモートコントロールポート　パイロット弁

ドレンポート
1次側
圧力ポート
2次側
圧力ポート
ハンドル
（絞り）部
スプール弁
絞り穴
（チョーク）

名称	JIS記号	断面図	動作、機能、特徴、用途等
絞り弁			(1) 機能 弁内の絞り抵抗によって通過流量を制御する (2) 特徴 ・ニードル弁、スロットル弁がある ・機構が簡単で、広く使用されている ・通過流量が絞り弁前後の圧力差の平方根に比例して変化するので、面積が一定であっても、圧力の変動があれば流量制御ができないという欠点がある
止め弁 （ストップバルブ）		6-5-12	(1) 機能 絞り弁の一種で、ハンドル操作をして絞り弁の開度（断面積）を変え、流量を調整する弁である
可変絞り弁 （チェック弁付き）		6-5-13	(1) 動作 一方向のみ流量が絞られる。絞り部面積を一定にしても、絞り部前後の圧力差の変動によって流量が変わる (2) 機能 比較的ラフな速度制御用である
シリーズ型 流量調整弁	詳細記号 簡略記号	6-5-14	(1) 機能 絞り弁の欠点をなくため、圧力変動があっても通過流量が一定になるように、弁内部の絞り弁前後の圧力差が一定になるための差圧一定形減圧弁が内蔵されている
シリーズ型 流量調整弁 （温度補償付き）	詳細記号 簡略記号		(1) 機能 温度補償を行う機能を有する。温度変化によって、作動油は粘度が変化して流量が変化するので、粘度が変化しても流量が変化しない (2) 特徴 薄刃オリフィス機構を絞り弁に採用して、粘度の影響を無視できるタイプと、金属の熱抵抗を利用して油温変化に応じて絞り面積を変え、流量変化を防ぐタイプがある
逆止め弁付き 流量調整弁	詳細記号 簡略記号	6-5-15	(1) 動作 圧力補償ピストンを内蔵しており、絞り弁前後の圧力の差圧一定形減圧弁として働く (2) 機能 絞りの通過流量を一定にできる
逆止め弁 （チェック弁）			(1) 機能 　油を一方向にだけ流す (2) 特徴 方向制御のみならず、管路の背圧制御も行う

6-5-7

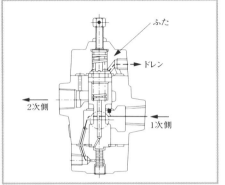

ふた
ドレン
2次側
1次側

6-5-8

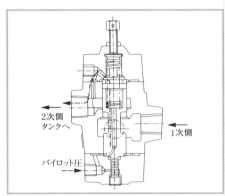

2次側
タンクへ
1次側
パイロット圧

6-5-9

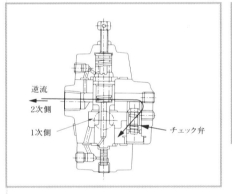

逆流
2次側
1次側
チェック弁

6-5-10

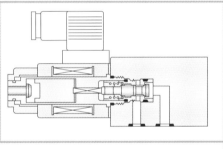

6-5-11

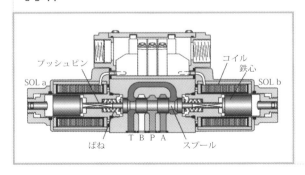

プッシュピン
コイル
鉄心
SOL a
SOL b
ばね
T B P A
スプール

6-5-12

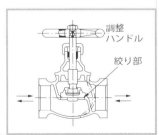

調整
ハンドル
絞り部

逆止め弁 （チェック弁）ばね付き		6-5-16	
アキュムレーター		6-5-17	(1) 機能 油が漏れた場合に、圧力が低下しないように、 漏れた油の補充や停電などの緊急時の補助油圧 源である (2) 特徴 ・サージ圧力の吸収 ・脈動の減衰 (3) 使用上の注意 N_2 ガス以のガスは、封入しないこと
アキュムレーター （気体式）（左）			
圧力計測器（右） 圧力表示器（右）			
圧力計（左）		6-5-18	(1) 機能 油圧装置に必要な設定圧力が発生しているかを 確認する
流量計（右）			
フィルタ（油圧の場 合、サクションスト レーナともいう）		6-5-19	(1) 機能 粉塵、水分、油分などの異物を除去し、正常な 空気を供給する（空気圧の場合） 作動油に混入している固形粒子やゴミを除去 し、回路内に持ち込ませない（油圧の場合）
エアーブリーザー		6-5-20	(1) 機能 油圧タンク内に空気を吸い込む際に、ごみやほ こりを取り除く
ルブリケータ		6-5-21	(1) 機能 摺動部を有するアクチュエータや制御弁など に、適量の潤滑油を供給する
空気圧調整ユニッ ト（通称：三点セッ ト）	詳細記号 簡略記号		(1) 特徴 フィルタ、レギュレータ、ルブリケータを内蔵 している
熱交換器クーラー（左）			
熱交換器ヒーター（右）			

6-5-13

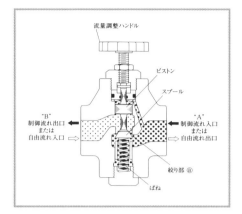

流量調整ハンドル
ピストン
スプール
"B"
制御流れ出口
または
自由流れ入口
"A"
制御流れ入口
または
自由流れ出口
絞り部 ⓐ
ばね

6-5-14

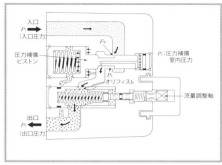

入口
P_1
（入口圧力）
F_0
圧力補償
ピストン
P_3：圧力補償
室内圧力
P_2
オリフィスb
流量調整軸
出口
P_2
（出口圧力）

6-5-15

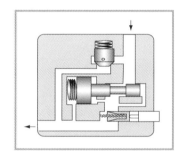

6-5-16

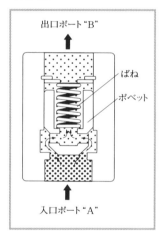

出口ポート"B"
ばね
ポペット
入口ポート"A"

6-5-17

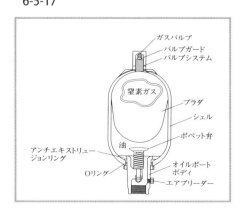

ガスバルブ
バルブガード
バルブシステム
窒素ガス
ブラダ
シェル
ポペット弁
油
アンチエキストリュー
ジョンリング
Oリング
オイルポート
ボディ
エアブリーダー

6-5-18

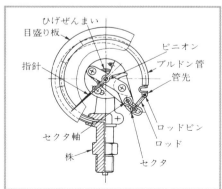

ひげぜんまい
目盛り板
ピニオン
指針
ブルドン管
管先
セクタ軸
ロッドピン
ロッド
株
セクタ

6-5-19

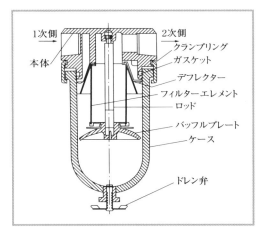

1次側 · 2次側 · クランプリング · ガスケット · 本体 · デフレクター · フィルターエレメント · ロッド · バッフルプレート · ケース · ドレン弁

6-5-20

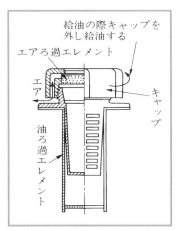

給油の際キャップを外し給油する · エアろ過エレメント · エア · キャップ · 油ろ過エレメント

6-5-21

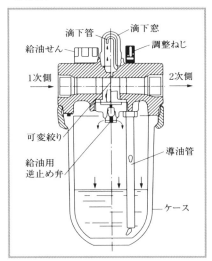

滴下管 · 滴下窓 · 給油せん · 調整ねじ · 1次側 · 2次側 · 可変絞り · 導油管 · 給油用逆止め弁 · ケース

6-5-2 速度制御の基本回路

油圧回路						
名　称	回路図	制御可能圧力	背圧	効率	負荷変動大のときの正確制御	特徴・用途
メータイン回路	6-5-22	正圧	かからない	悪い	可	・フライス盤の送りに使用されている
メータアウト回路	6-5-23	負圧	かかる	悪い	可	・ボール盤やプレスの送りに使用されている（シリンダーが縦型で規定以上の速度で自重落下するおそれのある装置に適している）
ブリードオフ回路	6-5-24			良い	不可	・研削盤やホーニング盤に適する（負荷変動が少ないから）

空気圧回路						
名　称	回路図	制御可能圧力	背圧	効率	負荷変動大のときの正確制御	特徴・用途
メータイン回路	6-5-25	正圧	かからない	悪い	可	・排気はサイレンサーを通じて大気に排出する ・流量制御弁は、吸気側、排気側の両方に取り付けられる ・以上は空気圧回路の特徴
メータアウト回路	6-5-26	負圧	かかる	悪い	可	・排気はサイレンサーを通じて大気に排出する ・流量制御弁は、吸気側、排気側の両方に取り付けられる ・以上は空気圧回路の特徴 ・メータイン回路と比較してスムーズな動きをする ・メータイン回路より使用されている

6-5-22

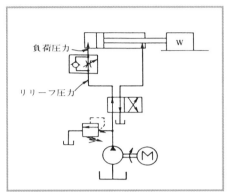

6-5-23

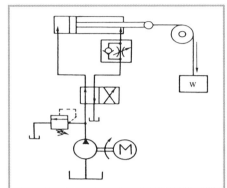

6-5-24

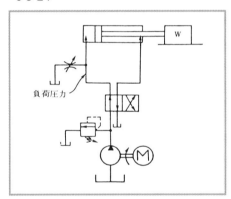

6-5-25

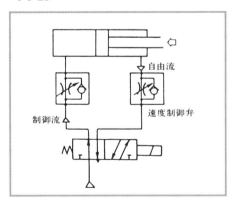

6-5-26

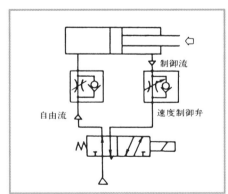

力学・材料力学

試験機関が公表している「試験科目及びその範囲並びにその細目」によると、学科試験の択一問題（○か×かの選択）の出題があり、出題内容は以下となっている。

「力学・材料力学」：択一問題は機械系、電気系、設備診断系に共通であるので、用語についての意味や特徴についての問いである。力学については、計算問題が出題され、本書による用語についての知識の整理と基本的な力学計算を会得しておくことが最良の学習法である。

以下、各出題内容について特徴を示す。

（1）滑車と吊り荷：定滑車と動滑車を組み合わせて、吊り荷をロープで引くときの力とロープを引く距離の計算

（2）仕事とエネルギ：仕事、動力、仕事量。位置のエネルギ、バネのエネルギ、運動エネルギの記述に関する問題。それぞれの力学的な意味を理解することが必要であり、本書に記述している基本的な式と単位を理解しておこう

（3）応力とひずみ：応力とひずみの説明文や材料にかかる応力の計算問題が出題される。引張りやせん断などの応力、ひずみ、縦弾性係数、応力ひずみ図などの理解が必要である。計算問題はピンにかかる応力計算などが出題され、本書に記述している基本的な式と単位を理解しておくと解ける問題である。

（4）はりのたわみと反力：はりのたわみと反力、安全率の記述に関する問題が出題される。計算問題は力の分力計算、ワイヤにかかる荷重の計算、はりにかかる荷重の計算が出題される。本書に記述している基本的な式を理解しておくことと、それぞれの力学的な意味を会得することが必要である。

（5）疲労と安全率：疲労破壊、許容応力などの記述に関する問題が出題される。破断面の写真を提示して、破壊の種類やその内容を問う問題が繰返し出題されている。破断の種類や破断面写真、本書に記述しているその内容を理解しておくことが必要である。

6-6-1 滑車と吊り荷

	滑車と吊り荷の計算	
種類	滑車の図	荷揚げの力（F）
滑車	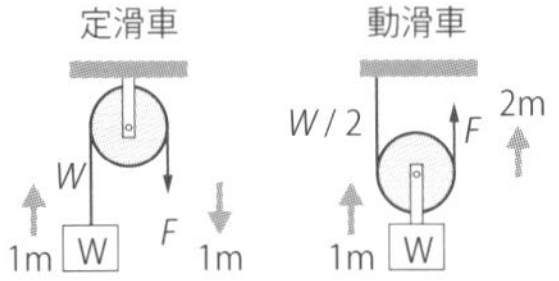 定滑車　　　　動滑車	定滑車 $F = W$ ロープの張力は W 動滑車 $F = W/2$ ロープの張力は $W/2$
動滑車1個	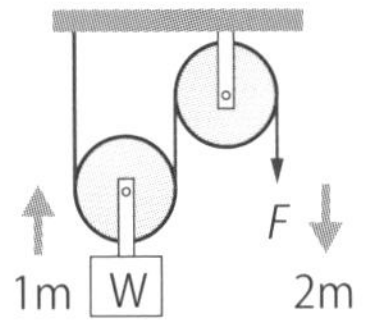	$F = W/2$ 　ロープの張力は、動滑車両方に $W/2$ ずつ
ロープを動滑車に結ぶ（左）	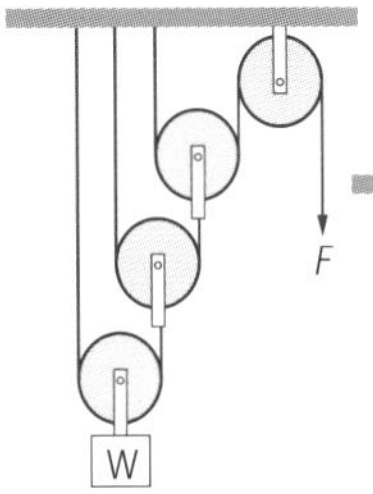	$F = W/2^n$ n：動滑車の数（n 乗） 動滑車3個のとき（左図） $F = W/$（2の3乗）$= W/$（$2 \times 2 \times 2$）$= W/8$
動滑車2個（右）	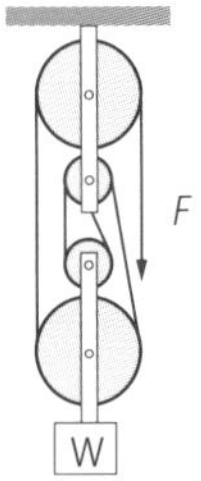	動滑車の数が多いとき $F = W/$（動滑車の数 × 2） 左図の例 $F = W/$（2×2）$= W/4$ ロープの張力は4ヵ所のロープに $W/4$ ずつ
動滑車3個	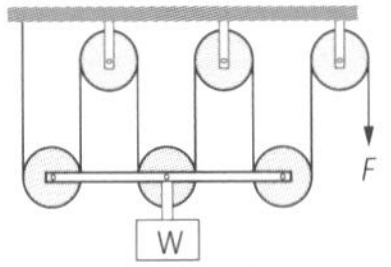 それぞれのロープにW/6ずつ荷重がかかる	$F = W/$（動滑車の数 × 2） $F = W/$（3×2）$= W/6$ ロープの張力は、6ヵ所のロープに $W/6$ ずつ
動滑車にロープ3本	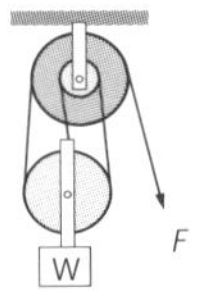	$F = W/$ 動滑車に働く荷重を支えるロープ数 $F = W/3$ ロープの張力は3ヵ所のロープに $W/3$ ずつ

備　考	過去の確認問題
定滑車 荷物 W を 1m 上げる とき、F は 1m 引く **動滑車** 荷物 W を 1m 上げる ために、F は 2m 引く	**問題** 右図において、つり合いが取れる W_2 の荷重の数値として、もっとも適切なものはどれか。ただし、装置の質量、摩擦などは無視するものとする。 ア：500N　　イ：800N ウ：1000N　　エ：1600N 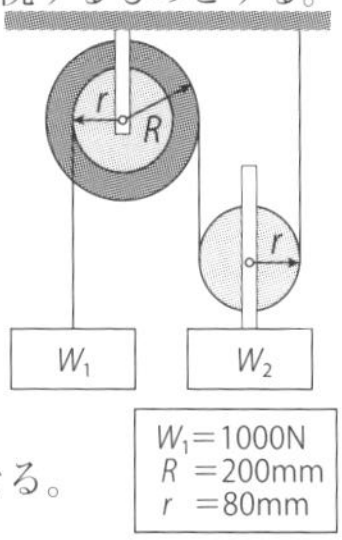 **解答：イ　800N** 図右の小滑車ロープ張力を T とすると、 大滑車モーメントのつり合いから $W_1 \times r = T \times R$ $T = W_1 \times r \div R = 1000 \times 80 \div 200 = 400N$ 小滑車の左右のロープに同じ張力 T が作用し、 $W_2 = 2 \times T$ である。$W_2 = 2 \times 400 = 800N$ となる。
荷物 W を 1m 上げる ために、F は 2m 引く **仕事＝力×距離** W と F の仕事は同じ になる $W \times 1 = (W/2) \times 2$	
荷物 W を 1m 上げる ために、F は 8m 引く	**問題** 右図で、物体に働く力 W が 800N のとき、 ロープを引く力 F として適切なものはどれか。 ア：100N　　イ：200N ウ：400N　　エ：800N 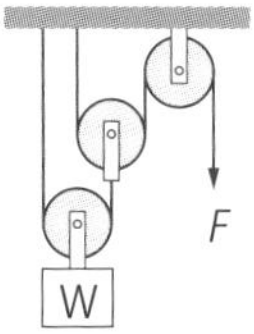 **解答：イ　200N** $F = W/2^2$　　$F = 800N/(2 \times 2) = 800N/4 = 200N$
荷物 W を 1m 上げる ために F は 4m 引く **仕事＝力×距離** W と F の仕事は同じ になる $W \times 1 = (W/4) \times 4$	**問題** ロープの端を50cm引き下ろした。そのときのロープを引く力および仕事の組合わせとして、適切なものはどれか。装置の質量、摩擦などは無視するものとする。 　　　ロープを引く力　　　仕事 ア　　　50N　　　　　　25N・m イ　　　50N　　　　　　50N・m ウ　　　100N　　　　　50N・m エ　　　100N　　　　　100N・m 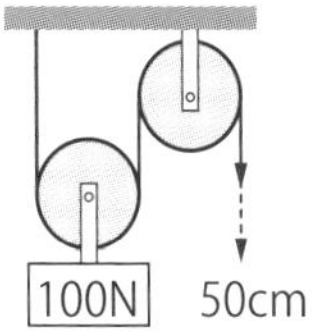
荷物 W を 1m 上げる ために、F は 6m 引く	**解答：ア　50N　25N・m** 動滑車1個であるから、引く力＝100N/(1×2)＝50N 仕事＝力×距離＝50N×0.5m＝25N・m
荷物 W を 1m 上げる ために、F は 3m 引く	**問題** 左図 W が300Nであるとき、ロープを引く力 F はいくらか。 **解答：100N** 動滑車にロープが3本掛かっているので、 $F = W/3$　　$F = 300N/3 = 100N$

W_1=1000N
R=200mm
r=80mm

W_1　W_2

r　R　r

F

W

100N　50cm

6-6-2 仕事とエネルギー

仕事とエネルギー		
	説明・図解など	式・単位
仕事	物体 A を F の力で S だけ変位させたときの仕事 Q は、F と S の積で表される 	**式** 仕事 Q $Q = F \cdot S$ （N・m） $Q = F \cos \theta \cdot S$ 　　$= F \cdot S \cos \theta$ （N・m） **単位** Q の単位は N・m
動力	単位時間にする仕事の割合を動力（Power）という。物体 A を F の力で S だけ変位させるのに t 秒かかった。 	**式** 動力 = 仕事／単位時間 $P = Q / t$ 　　$= F \cdot S / t$ **単位** N・m/s 1kW = 1000N・m/s = 1.36 PS （馬力）
仕事量	動力と時間の積が仕事に相当する（仕事量） 単位として 1kW・h （1kW の動力・1 時間分に相当する）	**式** 動力と時間の積 $L = P \cdot T$ **単位** 1kW・h 1kw の動力 1 時間分に相当

	説明・図解など	式・単位

	説明・図解など	式・単位
エネルギー	エネルギーは仕事をなし得る能力 （仕事をすることができる状態） **位置のエネルギー** W の物体が高さ h の場所にあると、 h だけ変位する能力、 Wh の仕事をなし得る 能力を持っている （W と h の図） **バネのエネルギー** ばねに力 F を作用させて S だけ伸びた。 （F-S グラフとばねの図） **運動エネルギー** 重さ W N の物体が、速度 vm/s で運動し ているとき、この物体は仕事をする能力 を持っている。 このときのエネルギーを運動エネルギー という。 $-F = (W/g)(-\alpha)$ 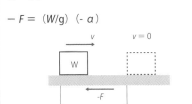	**式** **位置のエネルギー** $U = W \cdot h$ （N・m） **バネのエネルギー** $Q = (1/2) F \cdot S$ ばね定数 $= K$ とすると $F = KS$ （$K = $ N/cm） $Q = (1/2) KS^2$ **運動エネルギー** $E = (W/2g) v^2$ 減速しながら S だけ動いて止まった。加速度 α $F = m\alpha = (W/g)\alpha$ **単位** 位置のエネルギー（mgh） N・m または N・cm **バネのエネルギー** $(1/2) KS^2$ N・m または N・cm **運動エネルギー** $(1/2) mv^2$ 運動エネルギーと仕事の単位は同じ。 物体は仕事をされた分だけ、運動エネルギーが 増加する。運動エネルギーの変化 ＝ された仕 事なので、当然両者の単位は同じである。 運動エネルギーは物体の運動状態を示す量であ る。 **仕事 ＝ 力 × 距離**は物体に対して運動状態を変 える作用を表す。

仕事・動力・仕事量	**問題** 力学に関する記述のうち、適切でないのはどれか。 ア：仕事の効率とは、有効仕事と外部から与えられた仕事との比のことである イ：物体が運動する速度が2倍になると、運動エネルギは2倍になる **解答：イ** 2倍でなく4倍である。 運動エネルギー $E = (1/2) mv^2$ **問題** 物体が10Nの力を受けて、力の方向に1m移動するのに10秒かかった場合の動力として、適切な数値はどれか。 ア：0.1N·m/s イ：1N·m/s ウ：10N·m/s エ：100N·m/s **解答：イ** 動力 = 仕事／時間　または、仕事 = 力 × 距離　であり、 $P = F·S/t$ となる。 つまり、$P = 10N \times 1 (m) / 10 (秒) = 1 N·m/s$
エネルギー	**問題** 力学に関する記述のうち、適切なものはどれか。 ア：カーブを曲がりつつある自動車に働く遠心力は速度の2乗に反比例する イ：質量 m の錘をコイルばねの端に吊るしたばね振り子の周期は、錘の質量に反比例する ウ：物体は、その高さに比例する位置エネルギーを持つ **解答：ウ** 位置エネルギー $U = W·h$……高さに比例する ア：速度 V で半径 R のカーブを曲がりつつある質量 m の遠心力 F は、 　　$F = mV^2/R$ であるから、V の2乗に比例する。 イ：反比例でなく、1/2乗に比例する 　　質量 m の錘をコイルばねの端に吊るしたばね振り子の周期 T は、 　　ばね定数 K とすると、 　　$T = 2\pi\sqrt{m/k}$ と表される。

138

6-6-3 応力とひずみ

材料への作用のしかたによる荷重の分類	
名　称	説　明
静荷重	材料に対してきわめてゆっくりかかる荷重、また加えられたまま変化しない荷重

動荷重	繰返し荷重	ほぼ一定の大きさで周期的に働く荷重。引張りなら引張り、圧縮なら圧縮が連続して繰返し作用する荷重のこと
	交番荷重	たとえば引張りと圧縮のように、反対方向の荷重が交互に作用するもので、繰返し荷重の特別な場合
	衝撃荷重	短い時間に衝撃的に作用する荷重。荷重の中では材料にもっとも大きな影響を与える

材料への荷重の加わり方による荷重の分類			
名　称	引張り荷重	圧縮荷重	曲げ荷重
図			
説　明	材料を軸方向に引き伸ばすように働く	材料を軸方向に押し縮めるように働く	材料を曲げるように働く

名　称	せん断荷重	ねじり荷重（トルク）
図		
説　明	材料を横からはさみ切るように働く	材料をねじるように働く

注：荷重は W、反力は R、トルクは T で表す

名称	引張応力／圧縮応力	せん断応力	曲げ応力	ねじり応力
材料への作用のしかたによる荷重の分類（安全率＝基準強さ／許容応力　$S = \sigma_b / \sigma_a$）				
図	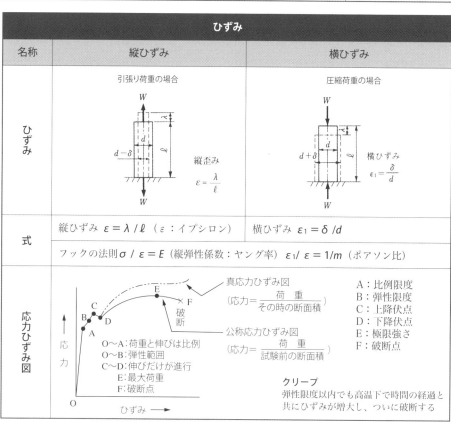			
式	引張り／圧縮応力： σ （σ：シグマ） $\sigma = W/A$ （N/cm²、N/mm²） 1kgf ＝ 9.8N A：断面積	せん断応力：τ （τ：タウ） $\tau = W/A$ （N/cm²、N/mm²） A：断面積	曲げモーメント： M $M = F\ell$ $M = \sigma_b Z$ Z：断面係数 σ_b：曲げ応力 丸棒 $Z = \pi d^3/32$	ねじりモーメント： T （T：トルク） $T = Fr$ $T = \tau Zp$ Zp：極断面係数 丸棒 $Zp = \pi d^3/16$

ひずみ		
名称	縦ひずみ	横ひずみ
ひずみ	引張り荷重の場合 縦歪み $\varepsilon = \dfrac{\lambda}{\ell}$	圧縮荷重の場合 横ひずみ $\varepsilon_1 = \dfrac{\delta}{d}$
式	縦ひずみ　$\varepsilon = \lambda / \ell$　（ε：イプシロン）	横ひずみ　$\varepsilon_1 = \delta / d$
	フックの法則 $\sigma / \varepsilon = E$（縦弾性係数：ヤング率）　$\varepsilon_1 / \varepsilon = 1/m$（ポアソン比）	
応力ひずみ図	真応力ひずみ図 （応力 ＝ $\dfrac{荷重}{その時の断面積}$） 破断 公称応力ひずみ図 （応力 ＝ $\dfrac{荷重}{試験前の断面積}$） O～A：荷重と伸びは比例 O～B：弾性範囲 C～D：伸びだけが進行 E：最大荷重 F：破断点	A：比例限度 B：弾性限度 C：上降伏点 D：下降伏点 E：極限強さ F：破断点 **クリープ** 弾性限度以内でも高温下で時間の経過と共にひずみが増大し、ついに破断する

問題

下図において、継手にかかる荷重 P が 6280N、継手を繋ぐピンに発生するせん断応力が 10N/mm² のとき、ピンの直径 d としてもっとも近いものはどれか。

ア　10mm
イ　20mm
ウ　30mm
エ　40mm

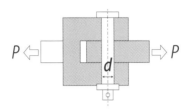

材料力学

解答：イ

せん断応力を $τ$、荷重を P、ピン断面積を A とすると、
$τ = P/2A$ である。また、$A = π d^2/4$ であるので、$τ = P × 4/(2 π d^2)$ となる。
（注：上図の場合、切断面は 2 ヵ所なので、全面積は $2A$）

$d = \sqrt{2P/π τ}$　　d $= \sqrt{2×6280/π × 10} = 19.99$　　約20mm

問題

下図の応力―ひずみ線図に関する記述のうち、適切でないものはどれか。

ア　B 点を降伏点といい、弾性変形から塑性変形に移行する点である
イ　線①を公称応力―ひずみ図といい、線②を真応力―ひずみ図という
ウ　E 点を引張強さといい、F 点を破断点という
エ　D 点を下降伏点といい、応力が増加せず、ひずみが急に増加しはじめる点である

応力・ひずみ線図

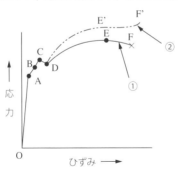

解答：ア

降伏点でなく、弾性限度である。
イ、ウ、エ：題意のとおり

6―6　力学・材料力学

6-6-4 はりのたわみと反力

力とはり		
	説明・図解など	式
力の合成	物体に２つ以上の力が作用しているとき、これを１つの力で表すことを力の合成という。この１つの力を**合力**という ベクトル：大きさと方向と向きがある	$\tan \theta = F_2 / F_1$ $F_1 = F \cos \theta$ $F_2 = F \sin \theta$
力のつり合い	任意の２力の合力と残った力がつり合う($F_1 \sim F_3$をX軸、Y軸に分解し、X軸、Y軸の合力がつり合う) **ラミーの定理** $F_1 / \sin \theta_1 = F_2 / \sin \theta_2 = F_3 / \sin \theta_3$	力のつり合いは、 ① **水平方向**、② **垂直方向**、 ③ **モーメントのつり合い** から成り立つ (XY に分解) **X 軸方向の力** $F_1 \cos \alpha_1 = F_2 \cos \alpha_2$ **Y 軸方向の力** $F_1 \sin \alpha_1 + F_2 \sin \alpha_2 = F_3$ でつり合う
はりの反力	片持ちばりたわみ（δ） $\delta = W\ell^3 / 3EI$ E：弾性係数 I：断面２次モーメント	**両端支持ばり** $W = R_a + R_b$（合力 0） モーメント 0 だから、 $W \cdot a = R_b \cdot \ell$ 反力 $R_a = W \cdot b / \ell$ 　　　$R_b = W \cdot a / \ell$ **片持ちばり** 反力 $R_a = W$ モーメント $M = W \cdot \ell$〔N・m〕
はりの強さ	曲げモーメント M は、曲げ半径 ρ、弾性係数 E、断面２次モーメント I により右式で表される | 断 面	A：面積	I	Z：断面係数 | |---|---|---|---| | h ／ b | bh | $(1/12)\,bh^3$ | $(1/6)\,bh^2$ | 「たわみ量は、断面積が同じでも、断面形状が異なれば違う」	$M = (E/\rho)\,I$ $\sigma = \varepsilon E$　ε：縦ひずみ E：縦弾性係数 一般構造用鋼：E：206GPa $M = \sigma_b Z$ σ_b：曲げ応力

はりの種類		
名　称	図　解	説　明
片持ちばり		一端が固定されているはり。 固定している端を固定端、自由な方を自由端という
両端支持ばり		両端で支持されているはり。 単純ばりともいう
張出しばり		支点の外側にはりが突き出ていて、そこに荷重がかかるはり。 突出部 ℓ_1、ℓ_2 をオーバハングという
固定ばり		両端とも固定されているはり。 はりの中でもっとも強い
連続ばり		スパンが2個以上（支点が3個以上）あるはり
はりにかかる荷重の種類		
集中荷重		はりの1点に集中してかかる荷重。 記号は W（大文字）、単位は N または t（トン）
分布荷重		はりの全長または一部に分布している荷重
等分布荷重		分布荷重のうち、単位長さ当たりの荷重が一定の場合、単位長さ当たりの荷重の大きさは記号 w（小文字）を使う。 単位は N/cm または N/m、w（N/cm）が ℓ（cm）にわたってかかる荷重は、$w\ell$（N）になる

（注）きわめて短い部分に分布している荷重は集中荷重とみなす。集中荷重の記号と等分布荷重の記号wをはっきり区別するようにする

問題

以下の図において、ワイヤ1本当たりにかかる張力は、荷重 W の何倍になるか。ただし2本の
ワイヤは同じ長さである

ア　約0.5倍　　イ　約0.7倍　　ウ　約1.0倍　　エ　約1.4

力のつり合いは、垂直方向の力のつり合いから成り立つ

解答：イ　約0.7倍

2本のワイヤだから、1本には $W/2$

$\sin 45° = (W/2)\ /T = 1/\sqrt{2}$（45°の場合 1：$\sqrt{2}$ の比）

$T = \sqrt{2} \times (W/2) = (1.414 \div 2) \times W ≒ 0.7W$

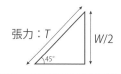

張力：T　　$W/2$

45°

問題

下図において、バランスを保つ荷重 W の値として、適切なものはどれか

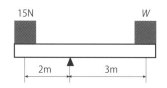

15N　　　　　　　　　　　　W

2m　　　3m

ア　3N

イ　5N

ウ　10N

エ　15N

解答：ウ　10N

力のつり合いは、モーメントのつり合いから成り立つ

モーメントのつり合いから、 **15 × 2 ＝ W × 3** である

$W =(15 \times 2)\ /3 = 10$（N）となる

問題

材料力学に関する記述のうち、適切でないものはどれか

ア　両端支持ばりで、中央に500Nの荷重が作用して、2つの支点の反力はそれぞれ500Nである

イ　荷重 W の片持ちばり長さ L のたわみ量 $δ$ は、はりの長さの3乗に比例する

ウ　鋼材の基準強さが570MPaのとき、許容応力を114MPaとすると、安全率は5である

解答：ア

ア　反力 R、中央の荷重 W として、垂直方向の力のつり合いにより、$2R = W$、$R = W/2 =$
250N となる

イ　 $δ = WL^3/3EI$ で3乗に比例

ウ　安全率 ＝ 基準強さ / 許容応力　　　$S = \sigma_B/\sigma_a = 570/114 = 5$

6-6-5　疲労と安全率

疲労と安全率	
説明・図解など	式・現象

<table>
<tr><td rowspan="1">疲労</td><td>

繰返し荷重を受けると強度が徐々に低下し、かなり低い荷重でも亀裂が発生して破壊にいたる性質があり、これを**疲労破壊**という。応力が弾性限度以下でも繰返し応力が働いていると、疲労破壊が起こりうる。
材料の強度は荷重の回数に応じて低下する。
10^7（100万）回程度で低下は止まり、安定する。その強度を「**疲労限度**」という

SN 曲線

</td><td>

疲労破面はマクロ的には、貝殻模様（**ビーチマーク**）を呈（てい）しながら進行する。
顕微鏡で拡大したミクロ的には、より細かな、しま模様が観察される。これを**ストライエーション**という。亀裂の進展に伴って、1回の繰返し応力が作用するごとに亀裂が進むのが見える

</td></tr>
<tr><td>安全率</td><td>

荷重に対して安全と思われる最大応力を**許容応力**といい、使用状態の応力を**使用応力**という。
●材料の基準強さは破壊するときの応力（引張り強さ）を用いていたが、もろい材料の時は引張り強さ、軟鋼のように延性のある材料では降伏点をとっている。
●軟　鋼：引張り強さ：400 N/mm² = 400Mpa ≒ 40kgf/mm²
降伏点：235N/mm² = 235Mpa ≒ 23.5 kgf/mm²
●引張り荷重時の軟鋼の**許容応力**（MPa）
I　静荷重 78
II　動荷重 49
III　繰返し荷重 29
と考える
安全率：S　静荷重＜繰返し＜交番荷重

材　料	静荷重	動荷重		
		繰返し	交　番	衝　撃
軟　鋼	3	5	8	12

</td><td>

安全率 ＝ 基準強さ / 許容応力

$$S = \sigma_b / \sigma_a$$

参考
1 Mpa ≒ 10kgf/cm²

100 Mpa ≒ 1000kgf/cm²
　　　　　≒ 10kgf/mm²

</td></tr>
</table>

許容応力

許容応力を決定する場合は、次のことを考慮することが大切である。
① 材料の種類……もろい材料か粘り強い材料か
② 荷重の種類……静荷重か動荷重か、とくに衝撃荷重のときには注意する
③ 応力の種類……単純応力か組合わせ応力か
④ 加工の仕方……表面加工・熱処理・切欠きの有無など
⑤ 使用時の温度…高温か常温か低温か
⑥ 使用状態………真空中・放射能にさらされる。変形量の制限など

実験や経験によって得られた**鉄鋼の許容応力**の値を示す（単位：MPa）

応力と荷重の種類		一般構造用鋼	軟 鋼	中硬鋼	鋳 鋼	鋳 鉄
引張り	I	88	88〜147	118〜177	59〜118	29
	II	59	59〜98	78〜118	39〜78	20
	III	29	29〜49	39〜59	20〜39	10
圧 縮	I	88	88〜147	118〜177	88〜147	88
	II	59	59〜98	78〜118	59〜98	59
曲 げ	I	88	88〜147	118〜177	74〜118	—
	II	59	59〜98	78〜118	49〜78	—
	III	29	29〜49	39〜59	25〜39	—
せん断	I	71	71〜118	94〜141	47〜94	29
	II	47	47〜78	63〜94	31〜63	20
	III	24	24〜39	31〜47	16〜31	10
ねじり	I	35	59〜118	88〜141	47〜94	—
	II	24	39〜78	59〜94	31〜63	—
	III	12	20〜39	29〜47	16〜31	—

（備考）荷重の種類：Iは静荷重、IIは動荷重、IIIは繰返しあるいは振動荷重を表す（機械工学便覧より）

問題
＜破断面写真＞A～Cの損傷の名称、内容として、もっとも適切なものを＜名称＞＜内容＞の中からそれぞれ1つ選び、その記号を解答欄にマークしなさい。

＜名称＞
ア　疲労破壊
イ　クリープ破壊
ウ　衝撃破壊
エ　静的破壊
オ　応力腐食割れ

＜内容＞
ア　徐々に増加する荷重による破断
イ　打撃や衝撃などの激しい荷重による破断
ウ　常時働いている一定荷重によって生じる流界破断
エ　腐食性液体または気体による科学的影響を伴う力学的破壊
オ　繰返し荷重による破断

解答：
写真A　名称：エ、内容：ア
写真B　名称：ア、内容：オ（ビーチマークあり）
写真C　名称：ウ、内容：イ

写真 A

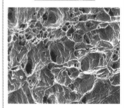

写真 B

写真 C

破面のマクロ写真

問題
材料力学に関する記述のうち、適切なものはどれか（よく出る単語なので、理解が必要）
ア　引張り試験において、永久ひずみを生じない限界の応力を**弾性限度**という
イ　**応力集中**とは、切欠きみぞのように、形状が急に変わる部分において、局部的に大きな応力が発生することである
ウ　**応力―ひずみ線図**で、応力の最大点の値を引張強さまたは極限強さという

解答
いずれも正解で、適切である

力学とピラミッド

　紀元前 2500 年頃に建てられたエジプトの大ピラミッドはどのようにしてつくられたのか、種々の説がある。この精密度、大きさ、完成度は類を他に見ない不思議といってもよい。それには、力学、天文学、建築技術、土木工事力、多くの人の技術力、それに基づく高度な技能力、企画力と、人をたばねる統率と計画実行力…、どれ 1 つとっても不思議というほかはない。

1. クフ王　大ピラミッド
　一辺が 230m の正方形、重さ 1 個平均 2.5 〜 7t の石灰石の切り石 230 万個、高さ 147m に積み上げている。東西南北の方位、建造物の直角度、傾斜角 51° 52′（14：11）など、どのように算出して積み上げたのだろうか。ピラミッドの建造は、それを命じた王が生きている間に完成させなければならないプロジェクトであった。王の在位中に完成させるため、工期は 23 年であったと思われる。

2. 採石と運搬
　銅や青銅のノミで採石した。1 段 1.5m、5 段以降は 0.9m のブロックを切り出し、ナイル川は船で、大地はコロ、砂を濡らした上にソリを乗せ石を引くなどで運搬したとされる。

3. 築造
　土盛りで直線、ら旋斜路やころ、滑車、はり、天秤棒やテコを使う…、力学の応用が必要であった。数千人〜数万人の動員の必要があり、今でいえば数兆円の工事規模となる。奴隷ではなく、職人が携わっている。パンやビール、肉や野菜を食べている壁画が残っている。
—力学は無限の価値を生む—

JISによる製図

試験機関が公表している「試験科目及びその範囲並びにその細目」によると、学科試験の択一問題（○か×かの選択）の出題があり、出題内容は以下となっている。

（1）JISによる製図：択一問題は機械系、電気系、設備診断系に共通なので、用語についての意味や特徴についての問いである。はめあいの種類、補助記号の種類、断面図の書き方など、本書による用語についての知識の整理と基本的な記号を会得しておくことが最良の学習法である。

以下各出題内容について特徴を示す。

（2）はめあいの種類と特徴：すきまばめ、しまりばめ、中間ばめ（とまりばめ）に関する記述の問題が出題される。穴基準も含め、本書に記述している内容を理解しておくことが必要である。

（3）補助記号の種類と特徴：寸法補助記号、材料記号、電気用図記号、表面形状図示記号に関する記述の問題が出題される。本書に記述している内容を理解しておくと解ける問題である。

（4）断面図の種類と特徴：図面に用いる線の種類、第三角法、断面図の書き方に関する記述の問題が出題される。本書に記述している内容を理解しておくと解ける問題である。

6-7 JIS による製図

6-7-1 はめあいの種類と特徴

はめあいの種類と特徴	
	説明・図解など
はめあいの種類	**はめあい** 外形サイズ形体と内径サイズ形体との間の互いにはまり合う関係（同じ形状の穴および軸とのはまり合い） **すきまとしめしろ** ①すきま：軸の直径が穴の直径より小さい ②しめしろ：軸の直径が穴の直径より大きい。穴のサイズから軸のサイズを差し引いた値 **はめあいの種類** ①すきまばめ：はめあわせたとき、穴と軸との間に常にすきまができるはめあい ②しまりばめ：はめあわせたとき、穴と軸との間に常にしめしろができるはめあい ③中間ばめ：はめあわせたとき、穴と軸との間にすきま、またはしめしろのいずれかができるはめあい ※穴基準のはめあいが多い 6-7-1、6-7-2
はめあいの表示	一般的には、軸と穴の加工を考えた場合、**軸よりも穴の加工の方がむずかしい**。穴基準のはめ合いは、1つの基準穴に対して各種の軸をはめ合わせるので、各種の穴を加工する軸基準のはめ合いより加工が容易なので多く採用されている。また、軸基準はめ合いの場合は、軸用限界ゲージより高価な穴用限界ゲージやリーマを数多く備えなければならないことからも、一般には**穴基準はめ合いが多い**。 6-7-3、6-7-4

6-7-2

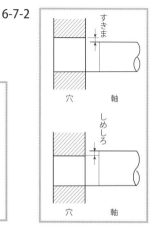

6-7-1

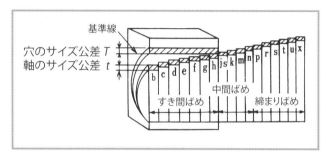

常用する穴基準はめあい図（図は寸法 30mm の場合を示す）

基準穴	H 5	H 6	H 7	H 8	H 9	H 10
	軸	軸	軸	軸	軸	軸
はめあいの種類	すきまばめ / 中間ばめ	すきまばめ / 中間ばめ / しまりばめ	すきまばめ / 中間ばめ / しまりばめ	すきまばめ	すきまばめ	すきまばめ
軸の種類	g h js k m	f g h js k m n p	e f g h js k m n p r s t u x	d e f h	c d e h	b c d
軸の等級	4 4 4 4 4	6 5 6 5 6 5 6 5 6	6 6 7 6 7 6 7 6 6 6 6 6 6 6 6	9 8 7 8	8 9 8 9	9 9 9

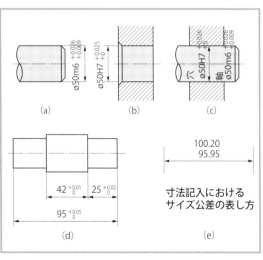

（図中の注記）
- 穴最大 φ30.021
- 穴最小 φ30.000
- 基準寸法 φ30
- 軸最小 φ29.939
- 軸最大 φ29.960
- 縦軸：許容差 μ（50, 0, −50, −100, −150, −200）
- H5, H6, H7, H8, H9, H10

はめあい方式による寸法公差の記入

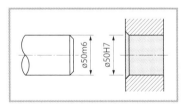

ø50m6　ø50H7

はめあい部のはめあい記号の記入

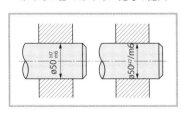

ø50 H7/m6　ø50 H7/m6

はめあいの記号と上・下のサイズ公差の併記

ø50m6 $^{+0.026}_{+0.009}$　　ø50H7 $^{+0.025}_{+0}$

(a)　　　　(b)

穴 ø50H7 $^{+0.026}_{0}$　軸 ø50m6 $^{+0.026}_{+0.009}$

(c)

42 $^{+0.01}_{0}$　25 $^{+0.02}_{0}$

95 $^{+0.05}_{0}$

(d)

100.20
95.95

寸法記入における
サイズ公差の表し方

(e)

はめあいの種類と特徴

過去の確認問題

問題

はめあいに関する記述のうち、適切でないものはどれか。

ア：中間ばめは、穴の最小許容寸法に対して軸の最大許容寸法が等しいか大きい場合、または穴の最大許容寸法に対して軸の最小許容寸法が等しいか小さい場合のはめあいである

イ：複数の穴と軸のはめあいを加工する場合、一般的に軸の寸法を基準として穴を加工する

ウ：すきまばめは、穴の最小許容寸法に対して軸の最大許容寸法が等しいか小さい場合のはめあいである

エ：しまりばめは、穴の最大許容寸法に対して軸の最小許容寸法が等しいか大きい場合のはめあいである

解答：イ

穴の寸法を基準とする**穴基準**が多い。検査も容易で加工精度確保も容易。

ア、ウ、エ：題意のとおり

※中間ばめは、とまりばめともいう

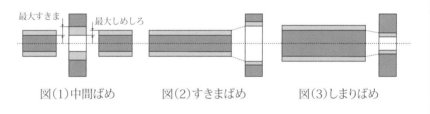

図(1)中間ばめ　　　　図(2)すきまばめ　　　　図(3)しまりばめ

問題

下図に示す軸と穴のはめあいとして、適切なものはどれか。

ア：すきまばめ

イ：しまりばめ

ウ：中間ばめ

エ：しめしろばめ

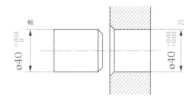

解答：ア　すきまばめ

軸の最大は 40.01mm、最小は 40.00mm。一方、穴の最大は 40.03mm で、最小は 40.02mm。

そこで軸の最大寸法 < 穴の最小寸法となり、**常にすきまが生じるので、すきまばめ**となる

エ：しめしろばめというはめあい名称は JIS に規定がないので誤り

6-7-2　補助記号の種類と特徴

寸法補助記号の種類、その呼び方（抜粋）		
記　号	意　味	呼び方
φ	180°を超える円弧の直径または円の直径	「まる」または「ふぁい」
Sφ	180°を超える球の円弧の直径または球の直径	「えすまる」または「えすふぁい」
□	正方形の辺	「かく」
R	半径	「あーる」
CR	コントロール半径	「しーあーる」
SR	球半径	「えすあーる」
⌒	円弧の長さ	「えんこ」
C	45°の面取り	「しー」
t	厚さ	「てぃー」

材料記号の例		
記　号	名　称	例
SS	一般構造用圧延鋼材 Steel Structual：構造	SS400 引張強さ 400N/mm²
S-C	機械構造用炭素鋼鋼材	S15C 炭素含有量 0.15%
SK	炭素工具鋼鋼材 K：Kogu	SK140 炭素含有量 1.40%
SUS	ステンレス鋼	SUS304　　ステンレス鋼 304 種 (18Cr-8Ni ステンレス)
BC	青銅鋳物	BC3…3 種 新 JIS 記号では「CAC403」
SC	炭素鋼鋳鋼品 C：Casting	SC360 引張り強さ 360N/mm² 以上
FC	ねずみ鋳鉄品	FC150…引張強さ 150N/mm² 以上

材料記号の表示	
機械部品に使用する材料を図面に表示したり、記入するときにはJISに定められた記号で表示する	

【例 1】 SS400（一般構造用圧延鋼材） 　　　 S　　　　S　　　　400 　　　 ①　　　　②　　　　③	①の部分は材料を表す 鋼：Steel ②の部分は規格名、製品名を表す 構造：Structual ③の部分は種類を表す 最低引張り強さ：400N/mm^2
【例 2】 S45C（機械構造用炭素鋼鋼材） 　　　 S　　　　45　　　　C 　　　 ①　　　　②　　　　③	①の部分は材料を表す 鋼：Steel ②の部分は規格名、製品名を表す 炭素含有量の平均値 0.45％ ×100 倍＝ 45 で示す ③の部分は種類を表す 炭素含有：C
【例 3】 SUS304（ステンレス鋼） 　　　 S　　　　US　　　　304 　　　 ①　　　　②　　　　③	①の部分は材料を表す 　鋼：Steel ②の部分は規格名、製品名を表す 　ステンレス鋼：US（Use Stainless） ③の部分は種類を表す 　304 種
このように、これらの記号は鉄鋼材料と非鉄金属材料にそれぞれ分類、規格化されている	

電気用図記号（抜粋）			
名　称	記　号	名　称	記　号
直　流		電圧計	Ⓥ
交　流（60Hz）	60Hz	電流計	Ⓐ
接　地（アース）		電力量計 (左)	Wh
機能等電位結合		二巻線変圧器（右）	
変換器		可変抵抗器	
電動機（モーター）	Ⓜ	T 接続	
発電機	Ⓖ	コンデンサ	
a 接点（スイッチ） 　接点（メーク接点）		ダイオード	
b 接点（ブレーク接点）			

問題
図面の記入に使用する線のうち、細い破線、または太い破線の用途として、適切なものはどれか。
ア：寸法を記入するために図形から引き出すのに用いる
イ：対象物の見えない部分の形状を表すのに用いる
ウ：図形の中心を表すのに用いる
エ：加工前または加工後の形状を表すのに用いる

解答：イ
イ：かくれ線であり、細い破線、または太い破線を用いる。題意のとおりで適切である
ア：引き出し線であり、細い実線を用いる
ウ：中心線であり、細い一点鎖線を用いる
エ：想像線であり、細い二点鎖線を用いる

問題
表面形状の図示記号の構成として、適切なものはどれか。

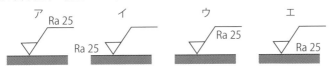

解答：ウ
（右図を参照）

表面性状の図示方法

加工方法
表面性状パラメータ
節目とその方向
削り代

問題
JIS C 0616：2011（電気用図記号）において、下記の電気用図記号と名称の組合わせとして、適切なものはどれか。

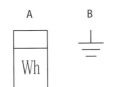

	A	B
ア	電力計	接地
イ	電力量計	機能等電位結合
ウ	電力計	機能等電位結合
エ	電力量計	接地

解答：エ
A の Wh はワット・時であり、電力量 ＝ 電力（W）× 時間（h）を表す。
B は接地記号である。
「機能等電位結合」とは、避雷針設置からの雷サージ（過電圧）が侵入しても火花放電が発生しないように、または電気機器が絶縁破壊を起こさないように、接地との電圧（電位）を 0 となるように、電圧（電位）を等しくする接地のことである。

＊電気用図記号の機能等電位結合の図参照

6-7　JISによる製図

6-7-3 　断面図の種類と特徴

用途による名称	線 の 種 類 [c]		線 の 用 途
外 形 線	太い実線	———————	対象物の見える部分の形状を表すのに用いる
寸 法 線	細い実線	———————	寸法を記入するのに用いる
寸法補助線			寸法を記入するために図形から引き出すのに用いる
引出し線			記述・記号などを示すために引き出すのに用いる
回転断面積			図形内にその部分の切り口を 90 度回転して表すのに用いる
中 心 線			図形の中心線を簡略に表すのに用いる
水 準 線 [a]			水面、油面などの位置を表すのに用いる
かくれ線	細い破線 または太い破線	— — — — —	対象物の見えない部分の形状を表すのに用いる
中 心 線	細い一点鎖線	—·——·——·—	a) 図形の中心を表すのに用いる b) 図形が移動した中心軌跡を表すのに用いる
基 準 線			とくに位置決定のよりどころであることを明示するのに用いる
ピッチ線			くり返し図形のピッチをとる基準を表すのに用いる
特殊指定線	太い一点鎖線	—■—·—■—·—	特殊な加工を施す部分など特別な要求事項を適用すべき範囲を表すのに用いる
想 像 線 [b]	細い二点鎖線	—··——··——	a) 隣接部分を参考に表すのに用いる b) 工具、ジグなどの位置を参考に示すのに用いる c) 可動部分を、移動中の特定の位置または移動の限界の位置で表すのに用いる d) 加工前または加工後の形状を表すのに用いる e) くり返しを示すのに用いる f) 図示された断面の手前にある部分を表すのに用いる
重 心 線			断面の重心を連ねた線を表すのに用いる
破 断 線	不規則な波形の細い実線 またはジグザグ線	〜〜〜	対象物の一部を破った境界、または一部を取り去った境界を表すのに用いる
切 断 線	細い一点鎖線で、端部および方向の変わる部分を太くしたもの [d]		断面図を描く場合、その切断位置を対応する図に表すのに用いる
ハッチング	細い実線で、規則的に並べたもの	///////	図形の限定された特定の部分を他の部分と区別するのに用いる。たとえば、断面図の切り口を示す
特殊な用途の線	細い実線	———————	a) 外形線およびかくれ線の延長を表すのに用いる b) 平面であることをX字状の2本の線で示すのに用いる c) 位置を明示するのに用いる
	極太の実線	▬▬▬▬	圧延鋼板、ガラスなど薄肉部の単線図示を明示するのに用いる

注 a) JIS Z8316には規定していない
　　b) 想像線は、投影法上では図形に現れないが、便宜上必要な形状を示すのに用いる
　　　また、機能上・工作上の理解を助けるために、図形を補助的に示すためにも用いる
　　c) その他の線の種類は、JIS Z 8312 または JIS Z 8321 によるのがよい
　　d) 他の用途と混用のおそれがないときは、端部および方向の変わる部分を太くする必要はない
備 考　細線、太線および極太線の太さの比率は、1:2:4 とする

断面図

断面図の種類と特徴
説明、図解など

図面で内部の形状や大きさを表すとき、かくれ線（細い破線または太い破線）で図示するが、複雑なものは多くのかくれ線が必要となり、図が見にくくなる。そこで、切断面の手前側の部分を取り除いて描くとわかりやすい。

A

見た方向の矢印

（一点鎖線）切断線

A'

断面 AOA'

1. 全断面図

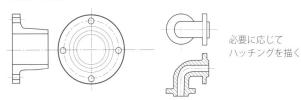

必要に応じて
ハッチングを描く

2. 片側断面図

対称中心線を境に断面することが多い

3. 部分断面図

破断線

4. 回転図示断面図

（1）切断個所の前後を破断して、その間に描く

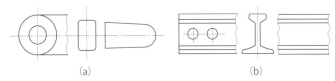

(a)　　　　　　　　　　　　　　　　(b)

（2）切断延長線上に描く　　　　（3）図形内の切断個所に重ねて、細い実線を用いて描く

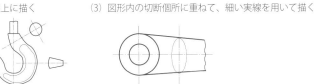

5. 多数の断面図による図示

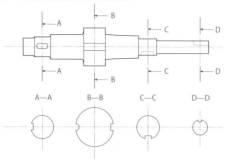

複雑な形状の対象物を表す場合、必要に応じて多数の断面図を描いてもよい

6. 切断してはならないもの

組立図

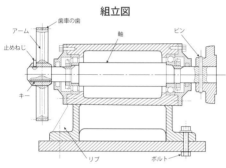

【長手方向に切断しないもの】
(1) 切断したために理解を妨げるもの
　〔例〕リブ、車のアーム、歯車の歯
(2) 切断しても意味がないもの
　〔例〕軸、ピン、ボルト、小ねじ、リベット、キー

7. 断面図のハッチング

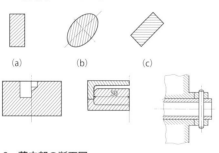

(1) 主となる中心線または断面図の外形線に対して、45°に細い実線で等間隔に施す
(2) 同じ切断面上に現れる同一部品の切り口には、同一のハッチングを施す（上図の組立図参照）
(3) 隣接する部品のハッチングは、線の向きまたは角度を変えるか、その間隔を変えて区別する。ハッチングをずらすこともある

8. 薄肉部の断面図

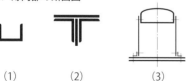

(1)　　　　(2)　　　　(3)

【ガスケット、薄板、型鋼など薄いとき】
(1) (2) 切り口を黒く塗りつぶす
(3) 寸法にかかわらず、1本の極太の実線で表す

問題
日本産業規格（JIS）による製図法に関する記述のうち、適切なものはどれか。
ア：断面のかくれ線には二点鎖線を用いる
イ：全断面図は、対象物の特殊な形状をもっともよく表すように切断面を決めて描く
ウ：読図を容易にするためにピン、ボルト、ナットなどは断面図で表すのがよい
エ：投影図は、第三角法による

解答：エ　題意のとおり
（図（a）は、第三角法の記号である）
ア：細い二点鎖線ではなく、細い破線または太い破線を用いる
イ：特殊の形状ではなく、基本的な形状を最もよく表すように決める
ウ：ピン、ボルト、ナットは断面して図示しない。リブ、アーム、歯車の歯も断面しない

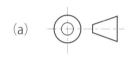

(a)

(b)

（参考）第一角法の記号（b）

問題
製図法に関する記述のうち、適切なものはどれか。
ア：設計・製作図面において、中心線およびピッチ線は細い破線を用いる
イ：投影の方法は、第三角法か第一角法によることとしているが、機械製図では第一角法を標準としている
ウ：日本産業規格の機械製図では、半径 10 の寸法を表すには、S10 と表示する
エ：寸法線・引出線は、太い実線を用いる
オ：型鋼など薄肉部の断面図は、切り口を黒く塗りつぶしたり、1 本の極太の実線で表す

解答：オ、題意のとおり
ア：中心線、基準線、ピッチ線は、細い一点鎖線で、かくれ線は細い破線などで描く
イ：機械製図に用いる正投影図は、第三角法により示す。品物を展開した場合と同じ関係にあり、理解しやすい
ウ：半径 10 は、R10 と表示する
エ：寸法線・引出線は、細い実線で描く

本書の内容に関するお問合わせは、インターネットまたはFaxでお願いいたします。電話でのお問合わせはご遠慮ください。
・URL　https://www.jmam.co.jp/inquiry/form.php
・Fax番号　03（3272）8127
　機械保全技能検定の詳細については、日本プラントメンテナンス協会（https://www.kikaihozenshi.jp/）に直接ご確認ください。

筆者

石田雄二（西日本工業大学）、末石章二（日本能率協会コンサルティング）、『機械保全（機械系1・2・3級）見るだけ直前対策ノート』編集委員会

写真・資料提供

一般社団法人日本機械学会、日本精工株式会社、福田交易株式会社、公益社団法人日本プラントメンテナンス協会、日鉄テクノロジー株式会社

学科・実技頻出項目をコンパクトに整理

機械保全（機械系1・2・3級）見るだけ直前対策ノート

2023年 6月10日　初版第1刷発行
2024年10月30日　　第2刷発行

編　者 ――― 日本能率協会マネジメントセンター
　　　　　　　 ©2023 JMA MANAGEMENT CENTER INC.

発行者 ――― 張　士洛

発行所 ――― 日本能率協会マネジメントセンター

〒103-6009　東京都中央区日本橋2－7－1　東京日本橋タワー
TEL：03-6362-4339（編集）／03-6362-4558（販売）
FAX：03-3272-8127（編集・販売）
https://www.jmam.co.jp/

装　丁 ――――― 冨澤　崇（EBranch）
本文DTP ――――― 渡辺トシロウ本舗
印　刷 ――――― シナノ書籍印刷株式会社
製 本 所 ――――― 株式会社新寿堂

本書の内容の一部または全部を無断で複写複製（コピー）することは、法律で認められた場合を除き、著作者および出版者の権利の侵害となりますので、あらかじめ小社あて許諾を求めてください。

ISBN 978-4-8005-9117-3 C3053
落丁・乱丁はおとりかえします。
PRINTED IN JAPAN